U0221169

运维数据治理

构筑智能运维的基石

陆兴海 彭华盛◎编著

Operation and Maintenance
Data Governance

Building the Cornerstone of AIOps

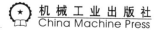

机械工业出版社
China Machine Press

图书在版编目（CIP）数据

运维数据治理：构筑智能运维的基石/陆兴海，彭华盛编著 . -- 北京：机械工业出版社，2022.4

ISBN 978-7-111-70475-1

I. ① 运⋯ II. ① 陆⋯ ② 彭⋯ III. ① 数据管理 IV. ① TP274

中国版本图书馆 CIP 数据核字（2022）第 053655 号

运维数据治理：构筑智能运维的基石

出版发行：机械工业出版社（北京市西城区百万庄大街 22 号 邮政编码：100037）	
责任编辑：王 颖	责任校对：殷 虹
印 刷：三河市宏达印刷有限公司	版 次：2022 年 6 月第 1 版第 1 次印刷
开 本：165mm×225mm 1/16	印 张：18
书 号：ISBN 978-7-111-70475-1	定 价：99.00 元

客服电话：（010）88361066 88379833 68326294   投稿热线：（010）88379604
华章网站：www.hzbook.com   读者信箱：hzjsj@hzbook.com

当数据穿越时光长河从"结绳记事"连接到元宇宙，数据价值被进一步挖掘。作为加快经济社会发展与质量变革的重要引擎，数据产业体系日趋完善并在各行业融合应用，推动我国的大数据战略走向深化。

自 2014 年大数据首次写入政府工作报告起，我国不断出台大数据相关政策，《"十四五"软件和信息技术服务业发展规划》《"十四五"大数据产业发展规划》《"十四五"信息化和工业化深度融合发展规划》，这些工信部近期发布的规划，更是将我国数据产业发展推向高潮。文件中指出，到 2025 年，我国大数据产业测算规模将突破 3 万亿元，年均复合增长率保持 25% 左右，创新力强、附加值高、自主可控的现代化大数据产业体系已基本形成。

从酝酿到落地再到深化，数据已与土地、劳动力、资本、技术并称为我国发展的五要素，成为推动众多经济发展与社会变革的基础。然而，数字化发展驱动着社会加速重塑，企业业务增速加快与架构复杂度指数级的升高，也为数据治理带来巨大挑战。在当前数据爆炸的时代，如何在社会生产经营活动中有效发挥数据价值，成为时下众多企业与机构研究的新课题。

运维数据是一类特殊的企业数据，其治理与一般的数据治理不同。一方面需要结合企业大数据治理的经验，另一方面治理运维数据需要围绕运营的思路。不仅要明确运维数据价值与企业、IT、运维组织价值的传承，还要以痛点作为运维数据治理的切入点，结合当前企业数字化转型的大背景，再基于运维数据价值来建设运维数据治理体系，通过运维数据治理平台合理规划未来战略蓝图，从而有效帮助并支撑企业的数字化转型。

关于运维数据治理的概念、方法论、实施与案例，具体的内容都呈现在本书中，它继承和借鉴了传统业务数据治理的理论方法，并针对两者的差异以及运维数据的特点，提出了运维数据治理的模型方法和实践指导。通过运维数据治理，并将企业运维状态、运行质量、流程和组织架构进行有机结合，可以形成企业特有的运维数据治理体系。

正如书中所言，运维数据治理是一场未知的"持久战"。在这场运维数据治理的战役中，运维组织需要围绕运营的思路，驱动运维数据治理水平持续提升，基于运维数据分析能力，发现运维数据质量和安全风险，通过专项评估治理方案，针对风险防范、监控预警、应急处理等内容形成一套持续化运营机制，再根据成效评估进行改进，以持续性建设推动治理实践。

我有幸受邀为本书写序，尽我绵薄之力在这里简要梳理数据产业未来在我国发展的政策方向。同时，也感谢云智慧以及一同从事相关研究的专家学者们，将多年对运维数据治理的经验与方法书写出来，令业界同人能以此为鉴，共促大数据产业的健康发展。

运维数据治理在我国才刚刚起步，现阶段仅在金融、运营商等IT信息化运维水平较高的行业初步实践。未来希望读者们可以从这本介绍治理运维数据的佳作中得到启发，找到属于自己的数字化最佳发展路径，在数字经济时代砥砺奋进，一起为实现国家"十四五"规划战略目标贡献力量。

杨青峰

北京工业经济联合会专家工作委员会副主任

2021 年 12 月 24 日

　　当前，随时随地的在线会议、方便快捷的线上购物、日益提升的网络速度，让企业对数字化工具产生了爆发式需求，并由此形成了新的使用习惯和工作模式，企业也深刻意识到数字化转型的重要性和迫切性。面对这一趋势，企业纷纷开始加快制定数字化转型战略，聚焦数字基础设施建设、数字科学技术创新、数字新兴人才培养、数据生产力转化等多个方面。随着"十四五"规划和2035年远景目标纲要提出"加快数字化发展""打造数字经济新优势"，我国正式迎来数字时代。数字经济被视为畅通"大循环"，融通"双循环"的关键抓手，而数字化转型便是新一代信息技术驱动产业变革的本质特征，是不断激活企业创新发展的新潜能。于是，构建企业数据文化，从数据中挖掘价值，是加速企业高效、稳定发展的催化剂。

　　埃森哲指出数字化转型分为智能化运营和数字化创新两个部分。智能化运营指的是企业从海量数据中生成数据洞察，实时且正确地制定决策并持续提升客户体验，借此不断强化当前核心业务。数字化创新指的是企业借助数字技术的力量，加速企业产品与服务的创新，探索新的市场机遇，开创新的商业模式，孵化新的业务项目。IBM指出数字化转型实际上就是利用技术来重塑和改进企业。我们可以看出，数字化转型覆盖运营、决策、市场开拓和商业模式，更加强调数据和技术。数字化技术成为推动业务转型、管理变革和战略落实的重要力量。如今，企业业务规模的不断扩增及应用系统的不断细分，致使IT设备数量和IT系统规模迅速扩大，IT系统架构日益复杂，

IT 运维数据海量增加，企业运维管理难度日益凸显。在这一大环境下，单纯依靠传统的资源管理和人工操作方式已经无法满足业务对运维服务的要求。企业 CIO 需要打破传统思维的桎梏，利用 AI 技术改善运维和 IT 服务水平，让技术更灵活地支撑业务的发展，使企业数据化的价值真正发挥出来。因此，从传统运维走向智能运维已成必然趋势。

在智能运维时代，IT 运维除了关注系统的安全性、稳定性、可靠性和用户体验以外，更加关注业务效率和企业效益，运维管理需要从传统的"面向系统的技术运维"模式向"面向客户的业务运营"模式转变。智能运维为企业的商业模式创新与飞跃注入强心剂，不同行业对运维的了解和重视度也都在与日俱增。以通信领域为例，其业务高速增长的背后离不开 IT 系统的支撑与支持。然而，在 IT 系统云化、容器化、中心化的演进过程中，系统架构和业务调用关系变得更为复杂，IT 管理人员面临运维数据量级增加、数据互通难、运维团队响应不及时等诸多挑战。智能运维的兴起可以有效打通组织内部的数据孤岛，实现数据从分散到集中，落实基础设施及 IT 设备各类运维场景的运维管理综合化、自动化、在线化、标准化、流程化、可视化等，形成全面、高效、统一的管理体系。让 IT 管理员将繁杂的 IT 管理工作升维从简，在改善 IT 管理方式的同时，提升企业整体的业务运营效率，做到真正的"数据驱动业务"。大处着眼，小处着手。智能运维不仅仅是一项技术或产品，更是一种理念和策略。对于创新来说，方法就是新的世界，最重要的不是知识，而是思路。

马秀发

中国联通软件研究院副院长

2022 年 1 月 3 日

数字化时代，科技已成为企业的核心竞争力，企业信息技术部门的角色定位悄然发生变化，由原来被动式的成本中心，逐步向主动式的服务中心、业务创新中心、价值中心转型。利用 IT 加深科技与业务的融合程度，实现对业务的敏捷交付，以及加强科技应对环境不确定性的掌控能力，支撑并引领业务的快速创新，是企业数字化转型的基础。从企业数字化转型价值创造的角度看，IT 需要负责"客户服务、连续性保障、快速交付、生态扩展、IT服务、运营协同"六大价值创造，将 IT 价值创造传递到运维组织，将转化为"提高业务连续保障水平""提升业务交付效率""辅助提升客户体验""提升 IT 运营服务质量"四个运维价值创造。

但随着企业技术架构、业务逻辑、外部政策、新技术快速引入等环境变化，运维组织面临着巨大挑战。一方面是让"相对稳定且能较精确预知领域"进化以更加适应数字化时代，并具有持续的稳定性；另一方面是适应并赋能企业转型持续探索、试验、创新，提升驾驭不确定性的能力，使企业具有持续的敏捷性。幸运的是，围绕"数据、连接、服务、赋能"关键词的数字化运维体系为运维提供了适应当前挑战的解决方法。

从证券行业或企业组织架构看，运维是数字化水平较高的领域。一方面，运维领域不缺与数据相关的方法论，无论是二十年前的 ITIL V2 运维最佳实践，或后来的 ITIL V3、ITIL4、ISO20000、ITSS 最佳实践，还是 DevOps、ITOA、AIOps 思想或方法论，都直接提到了量化绩效及运行指标，而持续改进的内容方法论推动了运维线上化与标准化水平，为运维数据沉淀提供了基础。另一方面，运维对象就是基础设施与硬件资源，以及系统软件和应用软件，需要用数字化来描述这些运维对象；同时，由于运维对象的复杂性越来越高，运维不断地优化组织架构与能力，线上化流程，持续增加"监、管、控、析"的平台能力，持续提升运维数字化水平，以适配不断复杂的运维环境。运维早已身处运维数字世界中，我们吸收运维方法论，标准化工作流程，用数字化描述着成千上万的机器、软件、业务系统，并部署监控系统、CMDB、日志管理、ITSM、自动化操作等工具来管理运维数字世界。

运维数据治理似曾相识。与企业其他领域不同，运维需要在使用少量人力资源的情况下，适应海量数据、海量运维对象、复杂多变的技术架构。运维平台化一直以来是运维组织基于痛点的自驱动推进，并有效解决了运维组织的常见痛点。但与企业其他领域一样，在大数据领域出现的数据孤岛、数据不可用、数据质量不高、融合应用难、有数据不会用等诸多问题同样存在于运维组织。所以，在运维平台建设中，运维组织就在持续推进 CMDB 的配置自发现、流程优化、数据运营等，统一告警的事件风暴、告警收敛、告警响应等，基于日志标准化的集中监控自动化配置……除了工具，对应的工具标准、配置的运维流程等也在平台化建设过程中得到推进。如果将数据治理的目标定为让数据更快、更准，那么上述行为可以认为是数据治理的部分工作。

总的来说，运维数据是企业大数据的一个子集，有效做好运维数据治理，既能让运维组织更好地在线感知生产环境运行状况、辅助 IT 决策、跟踪落实决策执行，又能让运维由被动型运行保障向主动型运营转型，使运维组织的价值创造与企业的价值创造更好地融合起来。

李立峰

广发证券信息技术部副总经理、董事总经理

2021 年 12 月 26 日

著名的 IT 咨询机构 Gartner 提出了一个非常有趣的角色概念——业务技术人员。Gartner 指出，业务技术人员数量的增加突出了组织对技术和分析工具的思考方式的重大转变，能够为业务技术人员提供有效支持的组织实现数字化转型加速的可能性是其他机构的 2.6 倍。

什么意思？简言之，极端一些说，如果目前的 IT 部门不能够很好地熟悉业务并且支撑业务，那么业务人员可以在一定程度上掌握 IT 技术并为自身的业务寻求最佳的实践支撑。当然，以上的话可能有些危言耸听，但是不管怎样，业务与 IT 的高度融合是组织必须正视和解决的关键问题。

最近两年，我与不下一百位各行业 CIO 做过深层次沟通，一个深刻的认知是，企业的信息化管理者会更关注业务创新。云浪潮过后，更多 CIO 会关注怎样使数据化的价值真正发挥出来，怎样使业务数字化运转得更为高效。

高瞻远瞩的信息化管理者们已经开始从长远的角度来统筹规划数字化建设与运维的蓝图，同时用"人"的观念和"组织"的文化两个管理抓手来解决思想一致性和协作保障问题，同时利用技术和资源来支撑宏观体系建设的落地。

在整个进程中，必须要充分思考"数据"问题。

中国人从来不缺少数据思维。比如，二十四节气就可以理解为最早的大数据应用，古人对于天气数据的记录多达上百年，数据从温度到时间变化类型，通过自然现象来捕捉其基本规律而总结的二十四节气，能让更多的人来顺应这种规律，进行生活和生产活动。

如今，我国的很多组织又是极度缺乏数据文化的。我们也看到很多组织的数据还存在"原始"的表格中，且几乎没有很好的管理手段，更别谈如何发挥数据的价值。

建立可持续发展的良性的数据文化是解题的关键钥匙。

在 Informatica 联合机构调研的《2020 中国首席数据官报告》中，"缺乏数据文化"成为数据管理排名第一的非技术障碍。Gartner 发布的报告也指出，"文化和数据素养是数据与分析领导者面临的两大障碍""不改变企业内部对话，就无法改变企业的行为和信仰体系"。

对于数字化管理者（包括 CIO 和 CDO）而言，需要在组织内建立清晰明确的愿景，将跨部门和跨领域的数据孤岛转变成组织内的共同理解和共识。一旦大家理解了数据愿景（而非数据价值）的重要性以及共同协作的关键作用，我们就可以普及其给团队带来的价值：明确"我可以得到什么？"是促进行为改变的最强烈动机，进而推动每个人改变行为习惯，进而改善整个组织的数据文化和数据素养。

运维数据是数字化世界中一种特殊而重要的存在，有别于广泛认知的业务数据。运维数据不仅能帮助构建高效的数字化运维体系，而且也能确保组织业务的持续发展以及业务的精准决策。

从云智慧多年的运维实践来看，运维数据领域还没有很好的方法论和模型来指导相关的工作，不过很高兴看到陆兴海和彭华盛在这方面有了不错的系统性的思考与总结。相信本书的出版，能够给行业和领域提供一个理论和实践视角的参考，推动运维数据文化在我国的普及，让组织能够更好地治理运维数据并且为数字化运维的遍地开花贡献一份力量。

殷　晋

云智慧创始人兼 CEO

2021 年 12 月 13 日

自序

　　数字经济给人们的生活带来了颠覆性变化。一部手机、一个网络几乎就能解决日常生活的所有问题；一个微信 App 就能解决日常社交；云化模式颠覆了各行各业的商业运作、运营协同模式；数字化设施提升了整个行业的效率，既替代了大量的传统工作岗位，也催生了大量就业机会。

　　运维早已身处数字世界。长久以来，由于运维面临海量的基础设施与运行数据、复杂的网络与应用关系、严峻的内外部安全风险等困难，与研发、产品、项目管理等从 0 到 1 的生产过程管理相比，运维组织要管理企业 IT 生产运行环境中从 1 到 100 的迭代变化与演进。遗憾的是，非运维领域从业者通常难以体会这种复杂性，所以在企业中通常存在重研发轻运维的情况。不过，好在运维领域有大量企业服务厂商、行业布道者以及运维从业者，他们利用有限的资源在不断地适应、应对 IT 生产运行环境的复杂变化。

　　运维数据的应用驱动运维进入"人机协同"模式。我个人认为未来几年，平台工具最重要的是能够适应"人机协同"模式的变化，这个模式大概是：围绕"洞察、决策、执行"的闭环，既要解决"大计算""海量数据分析""操作性""流程化""规律性""7×24""人机体验"等类型的运维工作，还要对现有的"专家经验＋最佳实践流程＋工具平台"运维模式进行补充，提供"洞察感知、运营决策、机器执行"能力，支持向"人机协同"模式转变，建立数字平台化管理模式，闭环落实决策执行。在"人机协同"模式下，运维数据的质量显得尤其关键，数据质量不佳将导致"人"对"机"的不信任，从而无法达到协同。

数据治理成为数字化转型的关键举措。 自 1997 年 NASA 武器研究中心第一次提出"大数据"概念，2001 年 Gartner 提出大数据模型，2004 年 Google 推出大数据技术论文，到接下来大数据、人工智能、云计算等技术的广泛应用，再到数字时代，企业已逐渐了解数据所蕴含的价值，对数据的重视程度也越来越高，并投入大量资源进行大数据的研发与应用。但我们必须承认，国内很多企业在大数据技术应用前并不是很重视数据治理，出现像投入大量资源建设大数据平台，但用的时候又发现报表不准、数据质量不高，导致项目没有达到预期效果的普遍性问题。由此，大部分企业都回过头来推动数据治理，行业相关的数据治理规范、指引也适时的推出。

运维数据是企业数据战略的重要组成部分。运维数据主要指 IT 运营过程中，基础设施硬件、平台软件、应用系统、平台工具系统等产生的数据，包括监控指标数据、报警数据、日志数据、网络报文数据、用户体验数据、业务运营数据、链路关系数据、运维知识数据、CMDB、运维流程等多种数据类型。这些数据具备海量、实时等特征，对运维数据的有效应用，可以实现运行感知、业务感知等涉及的 IT 风险控制，性能管理、终端感知等涉及的客户体验分析，运营效能、服务台等涉及的服务质量，发布管理、变更管理等涉及的交付管理。

落地运维数据治理新课题。 虽然在运维平台化阶段，运维组织推进了部分运维数据治理，但是这些工作比较分散，资源配置不够高效，且在传统大数据治理在推进中持续总结了大量经验与运维领域资源投入不足的背景下，整体思考运维数据治理显得尤其重要。一方面是如何借鉴大数据领域数据治理的经验，反思运维数据平台建设应该关注的问题，减少不必要的风险，做好运维数据治理，让运维数据用得更好；另一方面是运维数据治理一定要以落地为目标，结合运维组织日常工作场景，充分利用好已有的组织、流程、工具等资源，用以终为始的方式驱动运维数据治理的落地。

由于运维数据治理是一个领域内的新课题，本书对运维数据治理的分析，借鉴了传统数据治理沉淀下来的方法，从四条主线索展开。一是结合运维组织核心价值创造，确立运维数据的资产地位；二是建立运维数据治理相关的制度、标准、流程等工作机制；三是围绕运维数据治理构建和使用适合的平台工具；四是促进数据的使用、共享、开放，监测数据质量，保障数据安全。

彭华盛

2021 年 12 月 1 日

前言

上古时期：结绳记事

山西朔州峙峪遗址，距今二万八千年前，就已经有了结绳记事的记载。《周易注》提及："结绳为约，事大，大结其绳，事小，小结其绳。"就是说根据事件的大小、类型和数量来结系不同的绳结，这说明在古代，人们就可以用"结绳记事"的形式对事物进行有效记录。

如今：元宇宙

美国东部时间 2021 年 10 月 28 日，在名为 Facebook Connect 的年度大会上，社交领域的巨头 Facebook 宣布改名为 Meta，全力进军元宇宙领域。首席执行官马克·扎克伯格解释说，这家科技巨头将从一家社交媒体公司转变为"一家元宇宙公司"，在一个"实体互联网"中运作，比以往任何时候都更加融合现实和虚拟世界。

穿越三万年，将以上两个事件联系在一起的要素只有两个字：数据。

在 21 世纪，数据比历史任何时期都更加迅猛而深刻地改变着我们所认知的世界的一切：工作、学习、娱乐、健身、购物，甚至死亡和战争。我们比任何时候都更依赖数据，就像依赖空气和水。

就像大气治理和水治理一样，数据也需要治理。治理的本质是让事物从混沌走向清晰，不断克服"熵增"给人们带来的不确定性和恐惧心理。放到企业数据治理这个课题中，企业数据治理这个已经存在将近 20 年的领域，就是不断通过各种创新的模型方法和体系标准，制定和实施针对整个企业内数据的商业应用和技术管理的体系，包括组织、制度、流程和工具，它是企业实现数字战略的基础，也是数据价值实现的基本保障手段。

2016 年是智能运维（AIOps）的元年，自全球著名的 IT 咨询机构 Gartner 在 2016 年正式提出 AIOps 以来，国内外各个企业与厂商都在积极探索与尝试利用大数据、机器学习等技术来改进和增强传统的 IT 运维能力（如在监控、自动化和服务管理等方向）。关于智能运维，业界有很多的定义、理解和解释，但笔者在 2019 年年底参加的 Gartner 全球 I&O 大会上，分析师 Charley Rich 一语道破了其本质："智能运维的另外一个名字就是数据分析。"（My name is AIOps, but you can call me Data Analytics）所以，拨开迷雾，除了各种各样的数据应用场景、各种高深复杂的算法和各种各样酷炫的可视化，最基础的部分就是数据——运维数据是构建和落地智能运维的基石。

运维数据作为一类特殊的企业数据，自然也需要治理。

不幸的是，经过数年来的实践与摸爬滚打，人们发现，简单用面向"企业业务数据治理"的方法来解决"面向智能运维的运维数据治理"任务时，出现了很多的挑战和困难，这种挑战来自业务数据和运维数据的固有属性、数据模型以及上层数据消费场景的差异性，所以需要思考，用什么样的模型和方案能够更好地解决面向运维的数据治理问题。

需要靠心思和实战，还有时间来解决。

笔者供职的云智慧公司，在构建智能运维解决方案、产品技术平台以及多个项目的实施实践中，获得了一些有益的思考和感悟；在与华盛以及智能运维国家标准编写组的各位专家探讨"智能运维通用标准"以及"运维数据治理与管理标准体系建设"两个课题的时候，也得到了很多业界专家的很好的启发。所以，我和华盛一起商量着编写一本关于运维领域数据治理的专著，我们希望能够通过理念导入，让大家认知运维数据和运维数据治理这个领域的独特性及其与传统的数据治理之间的关系和差异。运维数据治理并不是全新的课题，它必须能够继承企业数据治理模型或者标准（如 DAMA、DGI 数据治理模型、GB/T 36073—2018 等），以及好的顶层架构设计，在此基础上做战略对齐和执行规划。我们希望通过提出的理念和方法论以及实施层面的模型，能够对广大的 IT 技术人员和运维及运维研发人员有一个方法层面的帮助；基于这个参考对本企业的运维数据治理做规划设计的时候，能够充分考虑到运维场景以及运维数据的特殊性，并能将这些思考点融入每个阶段的实施过程中。当然，我们也给出了以往在一些项目中积累的实践案例，他山之石，可以攻玉，真心希望能对各位读者有所启发。

诚然，本书提出的各种观点和方法未必成熟，仅仅是我们对"运维数据治理"这一课题的浅薄理解和认知。我们也希望这个课题得到更多专家的关心与关注，就像软件产品一样，得到大家的帮助之后不断"敏捷迭代"式优化。所以，很期待对本书进行再版。

陆兴海

2022 年 1 月 1 日

|目录|

推荐序一

推荐序二

推荐序三

推荐序四

自序

前言

概念篇

| 第 1 章 | 运维数字世界 | 2 |

  1.1 元宇宙与数字世界   3

  1.2 全球范围内的数字化时代已至   4

  1.3 数字化世界面临的崩塌风险   5

  1.4 IT 与运维的价值传递和创造   5

  1.5 数字化时代的运维挑战   9

  1.6 从人力运维（HIOps）到智能运维（AIOps）   13

| 第 2 章 | 运维数据治理是数字化运维的新课题 | 18 |

2.1 数据、算法、场景：工程化的"三驾马车" 18

2.2 当前广泛认知的企业数据治理 20

    2.2.1 国家标准：GB/T 36073—2018 22

    2.2.2 国家标准：GB/T 34960.5—2018 24

    2.2.3 国际标准：ISO/IEC 38505-1 26

    2.2.4 DAMA-DMBOK2 数据管理知识体系指南 27

    2.2.5 DGI 数据治理模型 29

2.3 运维数据治理面临的新挑战 30

    2.3.1 业务数据及其治理的应用场景 32

    2.3.2 对狭义运维数据的抽象认识 34

    2.3.3 运维数据治理的特色之一：配置管理 CMDB 36

    2.3.4 运维数据治理的特色之二：运维指标体系管理 38

    2.3.5 运维数据治理的特色之三：调用链路及其应用场景 40

    2.3.6 运维数据治理呼唤新思考和新方法 43

2.4 运维数据治理模型 44

方法篇

| 第 3 章 | 数据升华之路：从运维数据到资产 | 50 |

3.1 认识运维数据原材料 51

    3.1.1 运维数据全景 51

    3.1.2 运维数据类型聚焦数据应用 53

    3.1.3 运维数据形式聚焦平台化建设 57

    3.1.4 运维数据载体抽象数据处理技术 65

3.2 运维数据资产化之路 68

3.2.1　面临的问题　68

3.2.2　运维数据资产化　70

3.3　运维数据平台　72

3.4　小结　73

|第4章|　运维数字地图：元数据　74

4.1　认识运维数字世界　75

4.1.1　运维早已身处数字世界　75

4.1.2　数字地图描述运维数字世界　77

4.1.3　运维元数据模型　80

4.2　元数据描述运维对象　81

4.2.1　运维对象是运维数字世界的基本原材料　81

4.2.2　CMDB 描述运维对象　82

4.2.3　元数据赋予 CMDB 步入新的阶段　84

4.3　元数据描述运维指标　86

4.3.1　运维指标的构建目的　86

4.3.2　运维指标需要元数据管理　87

4.3.3　基于运维指标体系建立指标元数据管理　88

4.4　构建系统架构关系　89

4.4.1　架构与架构资产化　89

4.4.2　串联运维对象的横纵关系　92

4.5　运维元数据管理技术架构　94

4.5.1　元数据的采集与存储　94

4.5.2　元数据的监控与管理　96

4.5.3　元数据的分析与服务　96

4.6　运维知识管理　97

4.7　小结　　　　　　　　　　　　　　　　　　　　98

|第 5 章|　**主数据之魂：运维指标体系**　　　　100

5.1　运维主数据管理思路　　　　　　　　　　101

5.2　不同领域指标体系的建设经验　　　　　　102

　　5.2.1　国外指标体系理论方法趋于成熟　　102

　　5.2.2　国内积极探索指标体系建设方法　　104

5.3　指标体系的概念和类型　　　　　　　　　108

　　5.3.1　认识指标　　　　　　　　　　　　108

　　5.3.2　指标体系的类型　　　　　　　　　112

　　5.3.3　构建运维指标体系的价值　　　　　112

5.4　数字化运维指标体系构建的方法论　　　　114

　　5.4.1　D-CREAM 模型　　　　　　　　　114

　　5.4.2　指标体系实施步骤　　　　　　　　116

　　5.4.3　数字化运维指标涵盖的内容　　　　118

　　5.4.4　IT 卓越运营指标　　　　　　　　　118

　　5.4.5　指标的生产与管理　　　　　　　　121

5.5　小结　　　　　　　　　　　　　　　　　125

|第 6 章|　**标准化先行：运维数据标准前移**　　126

6.1　标准化概述以及数据标准的内涵　　　　　127

　　6.1.1　统一的共识：数据标准定义　　　　127

　　6.1.2　数据标准的典型分类方式　　　　　128

　　6.1.3　国内数据标准和规范概况　　　　　129

6.2　运维数据标准面临的挑战及落地方法　　　130

　　6.2.1　面临的挑战　　　　　　　　　　　130

  6.2.2 落地运维标准的系统化方法   131

 6.3 运维数据标准落地实践   133

  6.3.1 运维数据之日志标准化的范围   134

  6.3.2 运维数据之日志标准化的投入分析   136

  6.3.3 运维数据之日志标准化的执行方案   137

  6.3.4 运维数据之日志标准化的技术赋能   139

  6.3.5 运维数据之日志标准化的标准运营   141

 6.4 小结   143

|第 7 章| **运维数据安全管理**   144

 7.1 数据安全治理概述   145

  7.1.1 数据安全正面临更多的严峻挑战   145

  7.1.2 数据安全治理已经受到高度重视   146

  7.1.3 运维数据安全治理的定义及内涵   147

 7.2 运维数据安全分析   148

  7.2.1 数据安全的五个影响阶段   148

  7.2.2 运维数据安全形势解析   149

  7.2.3 运维数据安全治理原则   150

 7.3 运维数据安全治理体系   151

  7.3.1 运维数据安全体系的架构   151

  7.3.2 运维数据安全的组织保障   152

  7.3.3 运维数据安全的流程保障   153

  7.3.4 运维数据安全的技术平台   154

  7.3.5 运维数据安全的实施路线   157

 7.4 小结   158

第 8 章	运维数据质量治理	159
8.1	数据质量治理概述	160
	8.1.1 运维数据质量管理释义	160
	8.1.2 运维数据质量面临的挑战	161
	8.1.3 影响运维数据质量的因素	162
8.2	运维数据质量管理分析指标	163
8.3	运维数据质量管理方法	165
	8.3.1 构建三位一体的运维数据质量管理	165
	8.3.2 建立体系化的运维数据质量组织管理	167
	8.3.3 制定数据质量管理流程闭环	169
	8.3.4 数据质量全生命周期的技术平台思路	171
8.4	探讨运维数据质量监测平台的技术实现	173
	8.4.1 质量监测平台建设思路	173
	8.4.2 数据质量保障	174
	8.4.3 数据安全保障	177
8.5	小结	178

实施篇

第 9 章	策划阶段	182
9.1	谋定而后动：策划先行	182
9.2	价值主张为最终价值服务	183
9.3	发展基线的现状梳理	185
9.4	擘画战略蓝图	186
9.5	指引实施的路线规划	187
9.6	小结	189

第 10 章	建设阶段	190
10.1	围绕"四位一体"的建设工作	190
10.2	面向敏捷协作的组织架构	191
10.3	制度流程是建设保障	195
10.4	落地支撑与赋能：技术平台	198
10.5	面向不同类别的治理场景	200
10.6	小结	202

第 11 章	运营阶段	203
11.1	面向持续改进的治理运营	203
11.2	发现"不匹配"：质量监测	204
	11.2.1 运维数据质量感知	204
	11.2.2 制定异常优化决策	206
	11.2.3 跟踪决策执行落地	207
11.3	运维数据的可视化	208
11.4	实施数据治理的资源保障	211
11.5	小结	212

案例篇

第 12 章	某股份制银行运维指标体系管理实践	216
12.1	新运维对运维指标管理的新挑战	216
12.2	指标体系管理的建设目标	218
12.3	建设方案和落地实践	220
	12.3.1 指标管理体系的顶层设计规划	220
	12.3.2 "三阶段"实现指标体系落地	221

12.4　运维指标体系建设价值成果　226

|第13章|　某省级运营商新一代配置管理建设　227

13.1　新一代配置管理面临的挑战　227

13.2　新一代 CMDB 的建设目标　229

13.3　建设方案和落地实践　231

13.3.1　新一代配置管理的总体规划　231

13.3.2　配置管理的落地实践　233

13.4　建设价值成果　241

|第14章|　某大型移动支付企业数据平台建设实践　243

14.1　运维数据平台建设带来的挑战　243

14.2　运维数据平台建设的原则及目标　244

14.2.1　建设目标：打破 IT 数据孤岛　244

14.2.2　建设中考虑的多个原则　246

14.3　建设方案和落地实践　248

14.3.1　基于数据管理需求的数据平台建设方案　248

14.3.2　运维数据平台功能架构　250

14.3.3　基于流程指标的数据运营　254

14.4　建设价值特色与成果　260

|致谢|　261

概念篇

心灵为新观念扩大后，便不能再开始恢复原状。

—— 奥利佛·温德尔·霍姆斯

运维数字世界

我国在 2020 年年底发布的"十四五"规划建议中 6 次提及"数字化"，对政府、数字经济、数字中国、金融、服务业、公共文化等不同方面均提出了要求，其中着重提到要发展数字经济，推进数字产业化和产业数字化，加强数字社会、数字政府建设，提升公共服务、社会治理等的数字化和智能化水平。

可以说，"十四五"规划建议的核心就是数字化，而数字化运维是数字化必不可少的环节，甚至是最重要的环节——数字化系统的建设只是第一步且为一次性的，而运维是全天 24 小时的，是每时每刻都不能缺少的，这印证行业的那句经典表述："三分建设、七分运维"。而当相对短暂的系统建设完成后，转移到漫长的运维与运营阶段——所谓"建转运"发生时，数字化的下一站就来临了。当然，我们看到，当前我国数字化浪潮进展到"建转运"的状态是时间和行业分布不均衡的，在运营商、金融等强运维/运营的行业，运维早已经是业务发展的必备支撑，而像能源、交通等行业，数字化的渗透率还处于较低阶段，上云率大约只有 50%。但随着宏观政策层面的指导、政企自身的业务发展以及技术的推动，在可预见的未来 5 年内，数字化运维的重要意义以及运维愈发凸显的价值会不断在实践中体现出来——实际上，市场也确实看到了这种改变正加速发生。

1.1 元宇宙与数字世界

The best way to predict one thing，is to let it become the truth.⊖ ——Gartner

这是一个不缺乏新概念的时代。

2021，"元宇宙"元年开启。

是未来，还是"笑话"？

是风口，还是"泡沫"？

时间会检验。

由科幻作家尼尔·斯蒂芬森在 1992 年的小说《雪崩》中首次提出的元宇宙概念，正成为世界各国企业未来战略投资的热门。元宇宙由 Meta（超越）+Universe（宇宙）两部分组成，意图通过技术能力在现实世界的基础上，搭建一个平行且持久存在的虚拟世界。虚拟和现实的边界变得无比模糊：人以数字化身的形式，进入拥有完整架构的社会和经济系统的虚拟时空中，自由地在现实与虚拟间进行社交、工作与生活。

从以往对 Gartner 技术成熟度曲线的认知，以及对其本质的理解，即使不是"元宇宙"，也会有类似的概念出现并生长。可以说，元宇宙或类似概念是构建未来数字世界的解决方案，如图 1-1 所示。

因为元宇宙不仅克隆一个孪生的数字世界，而是创造一个与现实同步且价值共创和共享的数字世界，这是人类社会技术与需求驱动发展的必然。所以，不论未来会走向下一代新互联网、元宇宙抑或其他概念，持续的数字化转型都会是各行各业不断实践追求的目标。

⊖ 预测一件事的最好方法，就是让它成为事实。

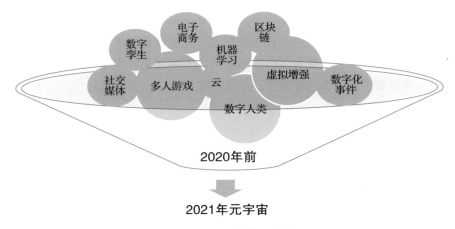

图 1-1　2021 年的元宇宙

1.2　全球范围内的数字化时代已至

近年来，数字经济的发展趋势越来越明显，尤其是随着疫情的影响，加速了传统产业向数字化、网络化和智能化产业的转型和升级。全球数字经济规模不断扩大，体量连年增长，根据中国信息通信研究院报告显示，2019年全球数字经济规模达到 39.2 万亿美元，占 GDP 比重达到 41.5%，同比增长 5.4%，数字经济在国民经济中的地位持续提升。

我国从 2015 年就开始积极推进数字经济发展和数字化转型政策的不断深化和落地，政府围绕数字经济颁布了一系列重要政策，多次发表指导性意见，在中央层面，数字经济战略包括重点支持各产业升级、创新以及可持续发展方针。"数字经济"已经连续多年被写入政府工作报告，在 2020 年政府工作报告中明确提出要继续出台支持政策，全面推进"互联网＋"，打造数字经济新优势。到 2020 年，我国已经基本建成了数字经济国省二级政策体系，"十四五"期间，多地陆续出台相应的数字经济专项政策，包括数字经济发展行动计划、产业规划、补贴政策等，明确发展目标与实施路径，将产业数字化作为开启数字经济增长的核心方向。

1.3　数字化世界面临的崩塌风险

经过 30 多年的演进，信息技术不断进步，系统的架构模式经历了多次进化，系统的规模发生了"量子跃迁"式的变革，应用系交付依赖于许多网络服务提供商，也越来越依赖于面向网络服务的大型且复杂的生态环境，例如 CDN、边缘计算、DNS、DDoS 和公共云等，在追求高度业务连续性与极致用户体验的今天，无论任何时候，任何应用环节的服务中断或者出现性能问题，都会造成极大的影响，导致重大业务损失，如图 1-2 所示。

数字世界正在成为物理世界的"镜像"。我们可以借鉴物理世界的"物业"概念来预防和解决数字世界面临的崩塌风险问题。

一方面，物理世界发生的一切，都可能在数字世界重来一遍；另一方面，物理世界的商业演变规律，也可能在数字世界效而仿之。在数字世界中，依然存在着如同物理世界的分工。如果说数字化系统建设类似数字世界的"盖楼"，那么数字化运维正如数字世界里的"物业管理"。

持续的数字化运维是解决崩塌风险的关键。

1.4　IT 与运维的价值传递和创造

数字化更多是让客户成功，所以企业在数字化转型中，都在讲要提升客户体验，创造客户价值，要加快业务创新，再到运营提质增效。

价值是递归传递的过程，即组织价值传递到 IT 价值，再传递到运维价值的过程。这样一来，我们在做项目时就不是内卷，而是真的围绕企业发展角度去做，如图 1-3 所示。

价值如何从企业传递到 IT，再到运维。数字化转型，企业价值有三个价值：

- 提升客户体验，创造客户价值；
- 加快业务创新，重塑商业模式；
- 提升运营效能，提能增效。

传递到 IT 后变成了"安全稳定、快速交付、技术引领"，如图 1-4 所示。

图1-2 数字世界的崩塌风险

价值捕获向价值创造变化

"ROI（投资回报率）的绩效指标"向"找到目标用户，发现他们急需解决的问题，并为用户提供解决方案"变化

客户价值
提升客户体验，创造客户价值

商业模式
加快业务创新，重塑商业模式

运营效能
提升运营效能，提能增效

竞争格局
来自互联网原生企业的颠覆
01

消费需求
个性化、定制化的消费需求
02

业务渠道
一致体验的全能渠道
03

信息传递方式
场景化、社交化转变
04

运营模式
数据驱动
05

协同方式
以生态为思想的协同方式
06

图1-3　价值捕获向价值创造变化

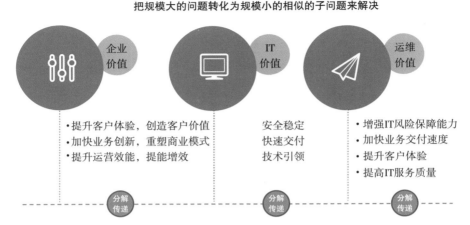

图 1-4　企业价值、IT 价值和运维价值

IT 要实现这三个价值，要提高以下能力：

- **IT 风险保障能力**：数据驱动的业务连续性保障与风险防控能力；
- **客户服务能力**：以客户为中心的"感知、决策、执行"的服务能力；
- **快速交付能力**：利用敏捷、设计思维等方法，推动技术平台转型，快速支持业务，交付新产品、新服务的创新能力；
- **生态扩展能力**：开放的场景接入，融入或构建生态的能力；
- **IT 服务能力**：提升 IT 服务效能，灵活弹性、安全可靠的技术基础资源交付能力；
- **运营协同能力**：构建高效的数字化工作空间，优化资源配置，为运营提能增效。

最后，价值又从 IT 传递到运维，即

- 增强 IT 风险保障能力；
- 加快业务交付速度；
- 提升客户体验；
- 提高 IT 服务质量。

从价值传递的角度，运维转型要从公司价值主张出发，传递到 IT 能力，再思考需要什么运维价值。也就是说，围绕"**提升客户体验、加快业**

务创新交付、为运营提能增效"三个企业的转型价值,分析客户及业务价值主张,了解客户与业务的痛点,再从 IT 团队"IT 风险保障、客户服务、快速交付、生态扩展、IT 服务、运营协同"六大能力角度,分析运维在数字化转型过程中的关键价值。总结起来,运维可以考虑围绕"提高业务连续保障水平""提升业务交付效率""辅助提升客户体验""提升 IT 运营服务质量"进行。

1.5　数字化时代的运维挑战

为了实现运维价值,需要解决运维面临的一些复杂性因素问题,总结起来有 8 点,如图 1-5 所示。

- **技术架构**:业务迭代需求、商业模式创新、技术创新等因素,驱动 IT 能力的持续提升,带来新技术与新架构模式的引入,运维在新技术选择时机、技术成熟度、架构及数据高可用的评估能力、对存量技术架构的影响、新技术附带的选择成本等方面面临挑战。
- **应用逻辑**:越来越复杂的业务逻辑关系、更细粒度的原子服务、外部监管政策要求的风险控制要求等因素,驱动业务逻辑越来越复杂,呈现动则变的常态化风险,以及新风险引发的组织人员对应用逻辑知识掌握、产品设计、性能容量评估、故障应急、快速恢复、影响分析、故障定位等能力的新要求。
- **变更交付**:在线感知客户体验、更快的产品或服务创新、更快的迭代速度、更短的技术评审时间、更复杂的版本管理、无序的变更计划等因素,驱动运维进行更全面的技术平台的建设,交付协同模式的变化,绩效考核的调整等新要求。
- **海量连接**:移动化、物联网、开放平台等新业务模式的引入,以及全数字化协同网络的产生,带来海量数据、海量连接、海量终端,每个连接节点之间在线连接质量以及节点的可用性都将大幅增加运维业务连续性保障的范围,甚至重塑运维业务连续性保障的定义。

应用逻辑
越来越复杂的业务逻辑关系、更细粒度的原子服务、外部监管政策要求等因素、逻辑越来越复杂，呈现动则生变的常态化风险

海量连接
移动化、物联网、开放平台等业务模式的引入、带来海量的数据、海量连接、海量终端，加大业务连续性范围

协同机制
DevOps、一切皆服务、SRE、ITOA、AIOps等理念，带来新的协同机制的建立

外部因素
政策及监管趋严、全线上在线监管因素，驱动IT运维精细化能力不断提升

技术架构
新技术选择时机、技术成熟度，对存量技术架构的影响，以及新技术附带的选择成本等

变更交付
更快地感知客户体验，更快的产品或服务创新、更快的迭代速度、更短的技术评审时间等因素，驱动运维的全方位的变化

操作风险
外部网络攻击形势，政策法规要求、人员扩张、运维操作性工作量大幅增加、自动化大量引入等，带来更多操作风险

技能与文化
新需求、新技术、新机制带来新知识，组织面临建立新的学习型文化以更快适应变化

图1-5 运维价值的复杂性因素

- **操作风险**：外部网络攻击形势、政策法规要求、应急操作管理、应急处置能力、运维操作性工作量大幅增加等因素，带来更多的操作风险。应对更多操作风险带来了更多的自动化工具，自动化工具的引入又带来新的操作风险，以及人员操作技能下降带来的风险。
- **协同机制**：DevOps、一切皆服务、应用运营等工作模式的变化，带来新的协同机制的建立，如何选择合适时机，有节奏地推进组织、流程、平台有序建设，考验运维体系建设者的全局设计与落地能力。
- **技能与文化**：新需求、新技术、新机制带来新知识，组织面临建立新的学习型文化以更快适应变化，以及学习型文化对现有人员角色重塑，能力培养等配套机制挑战。
- **外部因素**：政策及监管趋严、全线上在线监管等因素，驱动 IT 运维精细化能力不断提升，需要在现有人力资源基本不变的基础上，分离更多资源进行精细化能力的建设。

面对上述复杂性，运维组织面临的挑战是如何设计一辆不用停车的高铁，即让"相对稳定且能较精确预知领域"进化以更加适应数字化时代，并具有持续的稳定性；同时，适应并赋能企业转型持续探索、试验、创新，驾驭不确定性的能力，使企业具有持续的敏捷性。

下面是网上流传的永不停车的高铁的设计，很有意思，读者有兴趣可以到网上查一下，如图 1-6 所示。

面对数字时代 VUCA 的复杂环境，运维组织的挑战是如何设计一辆不用停车的高铁

- 让"相对稳定且能较精确预知领域"进化以更加适应数字化时代，并具有持续的稳定性
- 适应并赋能企业转型持续探索、试验、创新，驾驭不确定性的能力，使企业具有持续的敏捷性

图 1-6　运维组织的挑战

我们在做项目时，会遇到一些解释持续投入的问题。比如财务沟通时会

问："每年都在做运维平台投入，什么时候才能做完？"这的确是运维要解释的问题，笔者的观点是运维平台能力是一个持续增长飞轮的适应性系统，如图 1-7 所示。能力的提升来源于更高（质）、更多（量）、更快（速度）的需求驱动；为了适应新的需求，运维组织快速引入新技术与新方法；改变通常会产生新的风险；综合优化组织、流程、场景、平台能力，解决风险，形成适应性能力；建立了适应性能力后，可以支持更高、更快、更多的需求（这个闭环不一定从需求开始，也可以从其他节点开始）。以云原生架构为例。

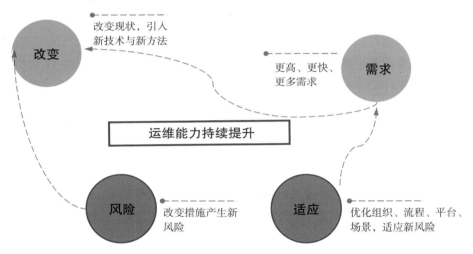

图 1-7　建立运维适应性系统的增长飞轮

注：模型来自《技术的本质》与亚马逊增长飞轮的结合。

- **需求**：充分发挥云计算的弹性、灵活、自动化优势，使得工程管理和基础设施管理变得更加高效和自治，从而将精力集中到业务创新之中；
- **改变**：优化应用的开发架构，容器化基础设施架构建设，加强微服务治理效率；
- **风险**：新技术引入的时机是否合适，新技术不成熟度带来的风险，原有系统改变带来的风险，混合云环境和各种跨云/跨平台的运维操作，以及更加复杂的上下游链路关系；

- **适应**：运维人员对云原生能力技术及应用上下游关系链路的技能学习，打造云原生的技术中台及配套的协同机制，优化 DevOps 流水线的持续发布能力，云上的监控能力，针对容器 PaaS 平台的监控能力，自动化全链路的监控及故障发现能力，混沌测试能力等建设工作，形成一个针对云原生运维的工作场景。

1.6　从人力运维（HIOps）到智能运维（AIOps）

纵观历史，人类社会的发展总是以提升效率为目的。无论是蒸汽时代、电气时代、信息时代还是现在所处的智能时代。如同物竞天择的规律，更高效的工具永远会成为社会的第一选择。在运维领域，亦是如此，如图 1-8 所示。

图 1-8　从 HIOps 到 AIOps

HIOps，顾名思义：人力运维

在数字化发展初期，IT 基础设施尚不完善，各类线上业务也不够多，所以无论是企业 IT 需求，还是各种 IT 故障，运维人员都能较好地掌控。但随着技术高速发展，企业数字化转型进入弯道超车的阶段，IT 运维人员也面临着前所未有的挑战：一方面是运维的复杂度不断攀升，另一方面是要降低不断增加的运维成本。

而如何应对这些挑战，Gartner 早在 2016 年就提出了 AIOps（Artificial Intelligence for IT Operations）的概念，并预测到 2022 年，40% 的大型企业将会部署 AIOps 平台。

什么是 AIOps

AIOps 的概念，在 2016 年 Gartner 解释为 Algorithmic IT Operations，而在 2017 年后，改为了 Artificial Intelligence for IT Operations，意图描述通过机器学习等人工智能算法，自动地从海量运维数据中学习并总结规则，并做出决策的运维方式，这种更广义的理解，说明大家的认知在加深。另外一个原因是必要性，运维不应该被条条框框地限定在某个特定的概念中，否则对于落地实践的指导意义不大。但是，当前关于运维、Ops、Operation 的概念层出不穷，所谓乱花渐欲迷人眼，从不同侧面与领域了解关于运维的概念，确实有助于我们更好地理解什么是智能业务运维，所以，这里也列出常见的几个运维的概念供读者参考。

- DevOps 的核心是工具，实践和理念的结合，从而提高了组织快速交付服务和应用程序的能力，以更快的速度开发和部署应用程序。
- DataOps 的目标则是提高数据分析效率。在 2018 年 Gartner 发布的《数据管理技术成熟度曲线》报告中，DataOps 的概念被首次提出。维基百科对 DataOps 的定义是：一种面向流程的自动化方法，由分析和数据团队使用，旨在提高数据分析的质量并缩短数据分析的周期。与 DevOps 的落地一样，实施成功的数据项目也需要做大量的工作，例如深入了解数据和业务的关系，树立良好的数据使用规范和培养数据驱动的公司文化。
- SecOps 是一种旨在通过将安全团队和 IT 运维团队结合在一起来自动化安全任务的方法，将安全性注入产品的整个生命周期。
- SecDevOps，信息安全被放在事前考虑，在项目开始之前并发考虑安全要求，编码过程中同步完成漏洞筛查，将安全纳入持续集成和持续部署的管道中，并在自动化测试套件中创建自动化安全测试集，以确保整个产品周期内的信息安全。

- DevSecOps，由 Gartner 提出，从字面意思来看，信息安全被放在事中考虑，安全位于开发完成后和部署发布之间，开发阶段并没有添加足够的安全措施，更加依赖后续的自动化安全测试来保证产品安全。

- BizOps 比较早的时间出现在 GE 公司的发展策略中，更侧重在运营阶段，采用互联网服务模式，允许客户使用多种模式支付平台的服务费用，该服务将商业价值和系统运营予以统筹融合，能够帮助 GE 业务部门和服务对象企业对开发资源进行动态的最佳分配，资源配置和成本控制能够跟上频繁的部署和迭代周期，节约系统的投资成本和开发时间。

我们不妨把 AIOps 拆分成 AI+Ops 来理解。所谓 AI，主要是指机器学习算法，以及大数据相关的技术，这是因为智能运维需要以大量数据的训练作为支撑；而 Ops 则主要是指运维自动化相关的技术。AIOps 平台的人工智能将大数据、AI 机器学习和其他技术相结合，通过主动、个性化和动态地洞察支持所有主要 IT 运营功能。AIOps 平台支持同时使用多个数据源、数据收集方法、分析技术（实时和深度）和表示技术（Gartner 解释）。

以上列出的常见相关概念，对于目前我国市场的标准机构与领导型厂商而言，只是不同的概念尝试从不同的方向与视角来解决运维领域的问题而已。这些年，随着激烈的竞争，大有互相交叉融合、互相蚕食之势，如图 1-9 所示。

话说回来，云智慧在 2016 年提出的业务运维，准确的英文翻译是 BizOps，不过这个 BizOps 和 GE 公司所谓的概念又有很大的不同，重点还是在讲数字化运维对于业务连续性保障与决策的支撑作用。我们聚焦在三个概念上：智能运维（AIOps）、业务运维（BizOps）和智能业务运维[⊖]（AIBizOps）。这三个概念有什么不同和关系呢？本质来讲，笔者认为没有什么不同，因为这三个概念就像硬币的三个面一样（注意，确实是三个面），都

⊖ 如果翻译的话，笔者创造的词汇。——作者注

在试图解释和解决运维领域的问题。对于云智慧而言，2019 年提出的智能业务运维⊖不过是业务运维的智能化赋能升级而已，所以这里也得到我们对运维的最核心和最本质的理解：业务——一切源于业务而又归于业务。这一点与 Gartner 对于 AIOps 的理解是高度一致的。

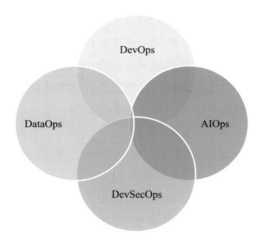

图 1-9　各种运维的边界正在交叉与模糊化

AI 是能够让 Ops 执行更加高效的强大助推力。如果更形象化地来表述 AI 和 Ops 的关系，那么 AI 类似于大脑，负责决策；Ops 类似于四肢，负责完成大脑发出的指令。在运维层面，AI 要解决的是如何快速发现问题和判断根因，而问题一旦找到，就需要靠自动化体系去执行对应的运维操作。

AIOps 的关键优势在于，它能帮助 IT 运维人员摆脱对运维工具提供的警报的依赖，而手动筛选问题的现状，让他们更快速地识别、处理和解决问题。AIOps 的高效率主要体现在以下两个方面。

帮助运维人员实现主动管理。由于不断学习，AIOps 能基于之前的经验提供预测性警报，让 IT 运维人员提前解决潜在问题，从而避免慢速或中断事件发生。

⊖　如无特殊解释，智能业务运维在本书中等同于智能运维。——作者注

　　有效缩短问题平均解决时间。AIOps 能帮助运维人员实现仅接收满足特定服务级别阈值或参数的警报，从而免受每个环境所产生的大量警报的"轰炸"，同时还会补全必要的背景信息，以便在第一时间做出最优诊断并采取最适合的补救措施。另外，AIOps 还能对告警数量进行压缩和告警关联关系合并，将多个告警事件收敛成较少的告警事件，提高运维人员获取重要告警信息的效率，并助其迅速判断故障根因。

|第2章|CHAPTER

运维数据治理是数字化运维的新课题

2.1 数据、算法、场景：工程化的"三驾马车"

人们对新事物的认知过程总是螺旋式迭代演进的，对于智能运维也是如此，智能运维是运维发展的方向，而且是一个长期的过程——从经验主义到数据驱动，再回归到业务驱动的过程。从 2016 年对于 Gartner 的概念的理解，到之后每一年不断的探索与实践，到 2020 年，在笔者参加的智能运维国家标准编写组会议上，行业内达成了高度的、更加面向现实的共识：以数据为基础、以场景为导向、以算法为支撑，如图 2-1 所示。

图 2-1　行业对智能运维发展演进的理解

智能运维一定来源于非常好的数据基础,同时,如果没有明确的业务场景,或者需求,或者功能方面的落脚点,所谓的智能化就是为了 AI 而 AI,也没有意义。工程化算法是要拟合数据的,根据数据和场景需求才能选择或研发合适的算法。只有具备上述三个条件,才能真正形成一个工程化落地的智能运维,如图 2-2 所示。

图 2-2 "三架马车"工程化落地的智能运维

需要着重提及的是,以往很多用户忽略了作为智能业务运维"基石"的运维数据的重要性。为切实落地企业的智能业务运维规划,一方面要强调运维数据的基础作用,另一方面要形成运维数据治理与应用的全局体系,围绕规划、系统与实施三个核心阶段工作,面向运维数据的全生命周期与业务导向结果,从数据的整体规划、运维数据源、数据采集、数据的计算与处理、指标管理体系的规划与实施、专业运维数据库的建立、数据的典型应用场景等多角度进行思考。

但需要正视的是我们对运维数据的认识及应用还处于皮毛阶段,虽有理念但缺乏必要的、可执行的方法。随着运维数据平台的建设,将极有可能出现当前大数据领域出现的数据孤岛、数据不可用、数据质量不高、融合应用难、有数据不会用等诸多问题。上述问题,在当前运维领域资源投入不足时显得尤其重要。如何借鉴大数据领域数据治理的经验，反思运维数据平台建设应该关注的问题，减少不必要的坑，做好运维数据治理，让运维数据更好用、用得更好，完善运维数字化工作空间，是本书的目的。

在运维领域，运维数据分布在大量的机器、软件和"监管控析"工具上，除了上面大数据领域提到的数据孤岛、质量不高、数据不可知、数据服务不够的痛点外，运维数据还有以下突出痛点：

一、资源投入不够。从组织的定位看，运维属于企业后台中的后台部门，所做的事甚至都很难让 IT 条线的产品、项目、开发明白系统架构越来越复杂、迭代频率越来越高、外部环境越来越严峻等需要持续性的运维投入，更不要说让 IT 条线以外的部门理解你在做的事，在运维的资源投入通常是不够的。所以，运维数据体系建设要强调投入产出比，在有限的资源投入下，收获更多的数据价值。

二、数据标准化比例低。运维数据主要包括监控、日志、性能、配置、流程、应用运行数据。除了统一监控报警、配置、机器日志、ITIL 里的几大流程的数据格式有相关标准，其他数据存在格式众多、非结构化、实时性要求高、海量数据、采集方式复杂等特点，可以说运维源数据天生就是非标准的，要在"资源投入不够"的背景下，采用业务大数据的运作模式比较困难。

三、缺乏成熟的方法。虽然行业也提出了 ITOA、DataOps、AIOps 等运维数据分析应用的思路，但是缺少一些成熟、全面的数据建模、分析、应用的方法，主流的运维数据方案目前主要围绕监控和应急领域探索。

四、缺乏人才。如"资源投入不够"这点提到的背景，因为投入不足，很难吸引到足够的人才投入到运维数据分析领域。

通俗一点来说，就是运维数据分析要借鉴当前传统大数据领域数据治理的经验，提高投入产出比，少走弯路，少跳坑。

2.2　当前广泛认知的企业数据治理

从 1997 年"大数据"概念自 NASA 武器研究中心第一次提出，到 2001

年 Gartner 提出大数据模型，到 2004 年 Google 推出大数据技术论文，到接下来大数据、人工智能、云计算等技术的广泛应用，再到今天的数字时代，企业已逐渐了解数据所蕴含的价值，对数据的重视程度越来越高，投入大量资源进行大数据的研发与应用。但我们必须承认，国内很多企业在大数据技术应用前并不是很重视数据治理，出现像投入大量资源建设大数据平台，但用的时候又发现报表不准、数据质量不高，导致项目没有达到预期效果的普遍性问题。上述问题促进企业反思，发现在数据的采集、存储、计算、使用过程中，少了数据管理的步骤，即缺失数据治理。今天，数据治理已经被企业广泛认可为必要的基础性工作，以下整理一下数据治理所要解决的痛点：

第一，数据孤岛，有数据不能用。数据孤岛可能存在掌握数据的人主观上不愿意共享，也有客观上担心数据共享存在敏感性问题，或数据与数据关联性不够导致不能有效连接。

第二，数据质量不高，有数据不好用。没有统一的数据标准导致数据难以集成和统一，没有质量控制导致海量数据因质量过低而难以被利用，没有能有效管理整个大数据平台的管理流程。

第三，数据不可知，有数据不会用。不知道数据平台中有哪些数据，不知道这些数据和业务的关系是什么，也不知道平台中有没有能解决自己所面临业务问题的关键数据。

第四，数据服务不够，有数据不可取。用户即使知道自己业务所需要的是哪些数据，也不能便捷自助地拿到数据，相反，获取数据需要很长的开发过程，导致业务分析的需求难以被快速满足，而在数字时代，业务追求的是针对某个业务问题的快速分析。

企业数据治理是对企业的数据架构、数据标准、数据质量、数据安全等领域全流程和全生命周期的建设和管理。在大型企业，尤其是金融、运营商和制造业企业中，数据治理已经被认定为是信息化中的一项基础工作，而且已经被提升到企业数字化转型基础保障的高度。从国内外理论、方法论、标准以及企业实践的角度，经过多年的发展，数据治理已经相对趋于成熟。

目前主流的数据治理方法论有 DAMA 的 DMBOK2.0、DGI 的数据治理模型等，可参考的标准有国际标准 ISO38505-1、国家标准 GB/T 34960.5 和 GB/T 36073 等，如表 2-1 所示。

表 2-1　国内外参考标准

序号	现存标准	研究角度
1	GB/T 36073—2018 数据管理能力成熟度评估模型	数据管理成熟度
2	GB/T 34960.5《信息技术服务　治理　第 5 部分：数据治理规范》	数据的业务化
3	ISO/IEC 38505-1（IT 治理 – 数据治理第 2 部分：ISO/IEC 38505-1 在数据管理中的应用）	大数据角度下看待数据的价值，考虑如何运营数据对象
4	DAMA-DMBOK2 数据管理知识体系指南	DAMA-DMBOK2 理论框架由 11 个数据管理职能领域和 7 个基本环境要素共同构成"DAMA 数据管理知识体系"
5	DGI 数据治理模型	企业数据管理的战略决策和行动并提供最佳实践和指南

2.2.1　国家标准：GB/T 36073—2018

GB/T 36073—2018 对应的标准是数据管理能力成熟度评估模型（Data Management Capability Maturity Assessment Mode，DCMM），是国家信标委大数据标准工作组牵头编写的我国首个数据管理领域的国家标准，是一个综合标准规范、管理方法论、评估模型等多方面内容的综合框架，目标是提供一个全方位组织数据能力评估的模型。在模型的设计中，结合数据生命周期管理各个阶段的特征，对数据管理能力进行了分析和总结，提炼出组织数据管理的八大能力（数据战略、数据治理、数据架构、数据标准、数据生命周期、数据应用、数据质量、数据安全），并对每个能力域进行了二级能力项（28 个能力项）和成熟度等级（5 个等级）的划分，帮助组织对象发现自身问题，为后续数据管理能力的建设和提升指明方向，如图 2-3 所示。

DCMM 模型将数据管理能力定义为五级——初始级、受管理级、稳健级、量化管理级、优化级，如图 2-4 所示。

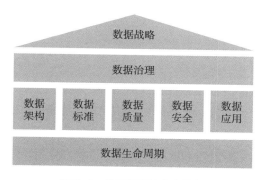

图 2-3   数据管理的八大能力

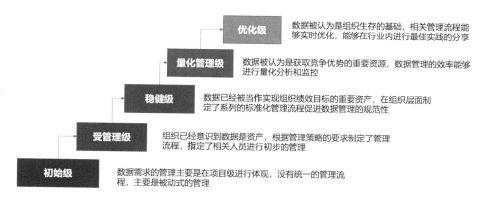

图 2-4   DCMM 数据管理能力成熟度模型

对于数据拥有方，DCMM 可以评估在数据管理方面存在的问题并给出针对性建议，帮助提升数据能力水平；对于数据解决方案提供方，通过 DCMM 的落地实施可以帮助数据解决方案提供方完善自身解决方案的完备度，提升咨询和实施的能力，帮助其查明问题、找到差距、指出方向，并且提供实施建议。对甲乙双方 DCMM 提供的具体能力包括：

- 规范和标准化企业或单位数据管理方面的专业术语；
- 规范和标准化企业或单位数据管理方面职能域的划分；
- 明确数据管理方面相关的工具集和技能集；

- 帮助企业或单位准确评估现状、差距和发展方向；
- 帮助企业或单位理解数据治理的架构需求；
- 建立数据管理方面相关的最佳实践。

根据对企业或单位数据管理现状的了解，数据成熟度评估指标体系对各主题域的成熟度进行评分，并根据评分结果确定企业在该主题域的成熟度等级。同时，根据对企业现状以及行业平均发展水平的了解，提出针对该企业在该主题域方面的关键发现和针对性建议，如图 2-5 所示。

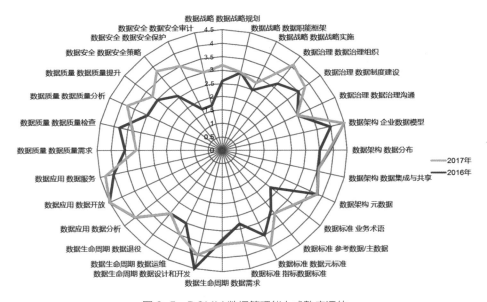

图 2-5　DCMM 数据管理能力成熟度评估

2.2.2　国家标准：GB/T 34960.5—2018

《信息技术服务　治理　第 5 部分：数据治理规范》是我国信息技术服务标准（ITSS）体系中"服务管控"领域的标准，属于《信息技术服务治理》的第 5 部分，其目的是促进组织有效、高效、合理地利用数据，该标准在数据获取、存储、整合、分析、应用呈现、归档和销毁过程中，提出了对数据治理的相关规范，从而实现运营合规、风险可控和价值实现的目标。

　　该标准要求组织能够通过评估、指导和监督的方法，按照统筹和规划、构建和运行、监控和评价以及改进和优化的过程，实施数据治理任务，包括评估数据治理的现状以及需求、环节、资源管理和资产运营能力；指导体系构建、治理域的建立和实施落地；制定评价体系和审计规范，监督数据治理内控、合规和绩效。

　　该标准明确了数据治理的顶层设计、数据治理环境、数据治理域以及数据治理过程，可对组织数据治理的现状进行评估，指导组织建立数据治理体系，并监督其运行和完善，如图 2-6 所示。

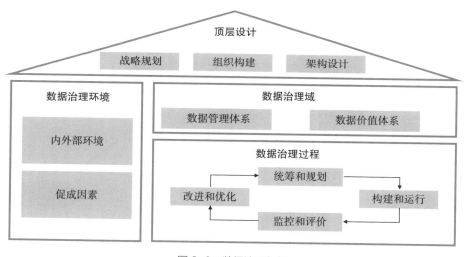

图 2-6　数据治理框架

- **顶层设计**：包含数据相关的战略规划、组织构建和架构设计，是数据治理实施的基础。
- **数据治理环境**：包含内外部环境及促成因素，是数据治理实施的保障。
- **数据治理域**：包含数据管理体系的治理和数据价值体系的治理的管控要求，是数据治理实施的对象。

- **数据治理过程：** 主要包含统筹和规划、构建和运行、监控和评价、改进和优化四个过程，是数据治理实施的方法。

2.2.3 国际标准：ISO/IEC 38505-1

ISO/IEC 38505-1 由英国标准协会（BSI）颁发，是一项高规格的国际数据治理标准认证。该标准模型提出了数据治理框架（包括目标、原则和模型），旨在为治理主体提供原则、定义和模型，以帮助治理主体评估、指导和监督其数据利用的过程，帮助企业体系化地进行数据安全治理，实现对数据全面、细颗粒的安全管控，如图 2-7 所示。

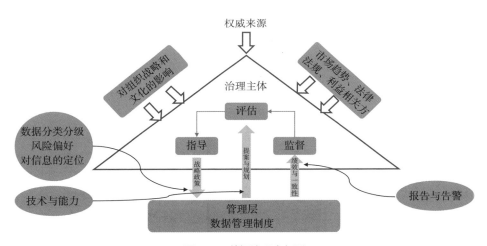

图 2-7　数据治理责任图

数据治理责任图包括收集、存储、报告、决策、发布和处置几个活动。组织通过收集来获取数据，经过存储、报告、决策再到收集形成反馈循环，以确保数据适合不同场景的需要，这样可以促进组织改进数据收集的过程，同时提升企业的业务决策效率。

数据治理的特征包括价值、风险和约束。数据的价值在于在规避风险和符合要求的前提下，从其包含的信息中分析出未来的趋势，或者利用数据提高决策效果。

数据责任矩阵由数据治理责任和数据治理的三个特征构成 6×3 的矩阵，旨在通过矩阵阐述组织的治理主体在开展数据治理活动时需要关注的主要内容。

ISO/IEC 38505-1 基于 IT 治理的原则和模型给出了数据治理的原则和模型，同时提出了数据治理的责任和以特征为标准的主体，并用数据治理责任和特征构成数据治理责任矩阵，为组织的数据治理主体提供实践指南。ISO/IEC 38505-1 定义了数据治理的六个基本原则，即职责、策略、采购、绩效、符合和人员行为，这些原则阐述了指导决策的推荐行为，每个原则描述了应该采取的措施，但并未说明如何、何时及由谁来实施这些原则。

2.2.4　DAMA-DMBOK2 数据管理知识体系指南

该指南是国际数据管理协会（Data Management Association，又名 DAMA International，以下简称 DAMA）多年数据管理领域知识和实践的总结，DAMA 是一个全球性数据管理和业务专业志愿人士组成的非营利协会，致力于数据管理的研究和实践。

如图 2-8 所示，DAMA-DMBOK2 理论框架由车轮图（11 个数据管理职能领域）和环境因素六边形图（7 个基本环境要素）共同构成"DAMA 数据管理知识体系"（纵轴为数据管理的 11 个职能领域，横轴为 7 个基本环境要素），每项数据职能领域都在 7 个基本环境要素的约束下开展工作。

《DAMA-DMBOK2 职能框架》定义了 11 个主要的数据管理职能，并通过 7 个基本环境要素对每个职能进行描述，其中数据管理职能包括数据治理、数据架构、数据建模和设计、数据存储和操作、数据安全、数据集成和互操作、文件和内容管理、参考数据和主数据管理、数据仓库和商务智能、元数据管理以及数据质量管理。基本环境要素包括目标和原则、组织和文化、工具、活动、角色和职责、交付成果以及技术，如图 2-9 所示。

《DAMA-DMBOK2 职能框架》指南的目的是为数据管理科学提供明确

的概述，介绍数据管理的相关概念并确定数据的管理目标、职能和活动的主要交付成果、角色、原则、技术和组织文化方面的问题，其主要有八大用途和目标：

图 2-8　DMBOK2.0 数据管理知识体系

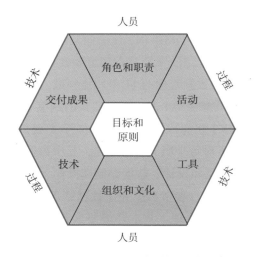

图 2-9　DMBOK2.0 数据管理必备因素

- 对数据管理职能达成一个普遍适用的看法共识，让不同的读者了解有关数据管理的本质和重要性。
- 提供常用的数据管理职能、交付成果、角色和相关术语标准的定义，帮助数据管理专员和数据管理专业人士了解自己的角色和职责。
- 帮助机构制定企业数据战略，确定数据管理的指导原则，帮助建立数据管理领域的共识。
- 指导实施和改进数据管理职能的工作、广泛采用的方法和技术以及重要的可选办法，指南中不涉及具体的技术供应商或产品。
- 简明扼要地识别共同的组织和文化问题。
- 澄清数据管理的范围和界限。
- 引导读者接触更多的资源来加强对数据管理的理解。
- 提供数据管理有效性和成熟度评估的基础。

2.2.5　DGI 数据治理模型

数据治理研究所（DGI）是业内最早、世界上最知名的研究数据治理的专业机构，早在 2004 年就推出了 DGI 数据治理框架，为企业数据管理的战略决策和行动提供最佳实践和指南。DGI 框架在数据治理组织、数据治理目标、数据治理流程等方面，都给出了指南级的说明，帮助企业实现数据价值，最小化数据管理成本和复杂性，以及数据的安全合规使用，如图 2-10 所示。

DGI 数据治理框架包括规则与协同工作规范、人员与组织机构以及过程三大部分的 10 个小部分组件，其组件包括：

一、数据治理愿景使命和数据治理目标 2 个组件定义企业进行数据治理的必要性，为企业数据治理指明了方向。

二、数据规则与定义、数据的决策权、数据问责制以及数据管控，DGI 框架的这 4 个组件定义了数据治理"治什么"的问题，其中数据规则与定义侧重业务规则的定义，例如相关的策略、数据标准、合规性要求等；数据的决策权侧重数据的确权，明确数据归口和产权，为数据标准的定义、数据管理制度、数据管理流程的制度奠定基础；数据问责制侧重数据治理职责和分工的定义，明确谁应该在什么时候做什么；数据管控侧重采用什么样的措施来保障数据的质量和安全，以及数据的合规使用。

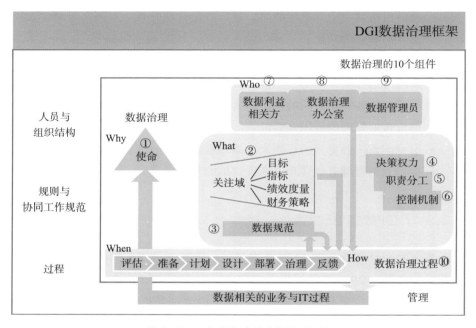

图 2-10　DGI 框架中的数据治理组件

三、数据利益相关方、数据治理办公室和数据管理员 3 个组件定义了数据治理的利益干系人，为数据治理的主导和参与的职责分工定义给出了参考。

四、数据治理流程组件描述了数据管理的重要活动和方法，用来定义数据治理的实施路径和行动计划。

2.3　运维数据治理面临的新挑战

实际上，"运维数据治理"的概念，目前在业界还没有明确的定义，对这个概念的理解也可以从多个维度来思考，比如"运维数据"的治理、"面向运维"的数据治理等。笔者更希望从"运维数据"的治理的角度来阐述，所以从这个概念延展看，我们首先必须理解运维数据，以及针对运维数据的治理的工作内涵。由于目前行业里针对"运维数据"还没有明晰的定义，我们不妨先给出一个关于运维数据的解释。运维数据从狭义上讲是指在 IT 运维过程中产生的各种软硬件系统运行数据。从广义上来讲，围绕运维全生命周期而产生和使用的监控指标、报警、日志、网络报文、用户体验、业务运营、架构及链路关系、运维知识、CMDB（配置管理数据库）、运维流程等数据都属于运维数据的范畴。所以形象来讲，运维数据不仅包括面向多层技术层面的各类运行状况、参数配置与程序文件，同时还包括了各种用户体验数据、工单数据以及与企业相关的核心系统技术运营质量 KPI 等。这些数据与客户经营过程中的各类业务数据如 ERP、OA、营销等数据有很大的不同，这些不同体现在运维数据与业务数据本身的差异性上，同时也体现在针对两类数据的应用场景和目的上。

从企业的数字战略角度看，运维数据是企业大数据的一个子集，主要面向 IT 运营侧的数据。由于组织架构、数据应用范围、资源投入等区别，运维数据治理的方法与传统业务的大数据治理有一定的区别：

（1）相对于业务数据治理，组织以往对运维数据治理的重视度不够，比如银行业业务数据有监管压力，对数据治理的重视度就高。运维数据治理资源投入少，传统大数据治理的方法论需要大量的资源投入，无法适应运维数据治理的持续建设，运维数据治理应以痛点场景驱动进行相关治理工作。

（2）运维数据类型不同，运维数据在类型上更加广泛，重点围绕监控性能、监控告警、海量日志、链路关系、网络报文、IT 服务等数据，数据的管理与应用可以更加聚焦。

（3）运维数据治理不是从零开始，运维组织已经构建了大量的平台化工具，过程中积累了一些数据运营的经验，如何将分散的数据运营工作涉及的组织、流程和工具整合在一起是运维数据治理的一个方向。

（4）运维属于生产的最后一道防线，运维数据量多且敏感，一方面包括了海量日志、业务运营流水、客户体验配置管理等重要数据，是企业数据资产中重要的运营数据；另一方面，由于运维的工作直接与生产系统接触，因此对于常规生产操作的行为合规、合理管理尤其重要。

（5）运维数据标准化不足，行业现有的数据治理标准主要关注业务数据，在运维领域暂时没有明确的、行业认可的运维数据模型。

以下介绍运维数据与业务数据的不同应用场景，以佐证运维数据治理的必要性。

2.3.1 业务数据及其治理的应用场景

数字化转型驱动运维组织价值创造越来越靠近业务价值，围绕业务数据的管理以及应用的机会与挑战将越来越大。面向商业的业务数据一般按照用户数据（指用户的基本情况）、行为数据（指记录用户做过什么的数据，主要包括用户做了哪些行为，发生行为的时间等）和商品数据（包括商品名称、商品类别、商品评论、库存等）进行分类。

业务数据分析主要通过追踪流量来衡量拉新能力，从而追踪新用户的渠道来源；通过分析转化来甄别渠道质量，进而分析注册转化和付费转化；通过网站优化来提升线索转化，并全栈追踪用户行为，从而提高注册线索转化率等。

业务数据的一大价值就是建立业务指标体系，用以监控业务日常运营，并预警业务问题，定位问题原因，利用指标帮助业务人员更好地开展工作，进行数据化运营。

业务运营指标体系一定是结构化的，而不是零散的，结构化的好处主要有两个：一是当指标发生异常时，能够通过结构化的指标体系来定位问题；二是当我们要达到某个 KPI 指标时，可以通过指标体系来分解指标，让我们知道可以从哪些方面着手。结构化的指标体系需要好的指标体系框架，现实工作中，各种指标浩瀚如海，而且各个业务还具有不同的特性。

现在业界也有很多成熟的指标体系框架，如针对移动 App 的 AARRR 框架，Acquisition 表示获取用户，Activation 表示用户活跃度，Retention 表示用户留存，Revenue 表示收益，Refer 表示传播，总的来说，是一个用户从拉新、拉活、留存、付费再到推广的过程，多为用户类指标和收入类指标，如图 2-11 所示。

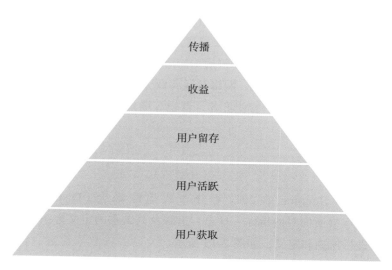

图 2-11　业务数据指标分层模型

如图 2-12 所示，各个业务的指标体系大体可以分为三类，即收入类指标（Revenue）、用户类指标（User）和业务量类指标（Number），简称为 RUN 指标体系。当然，各个业务由于其业务类型和关注点不同而有其特性指标，同时还有基于这些基础指标的衍生指标，但是总的指标框架主要就是这三大类指标。当然，这几类指标有可能重叠交叉，如付费用户这个指标，其实既是收入相关指标，又是用户相关指标，但是其与收入关系更紧密一些，所以将其归

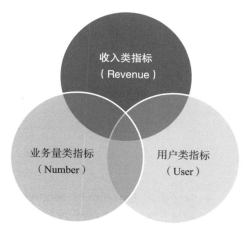

图 2-12　业务数据指标分类

为收入类指标，再比如人均类指标都会涉及业务量和用户，也是交叉的。

以面向商业的业务数据指标体系为例，其建设主要针对移动 App 指标体系分为用户规模和质量（包括活跃用户、新增用户、用户构成、用户留存和活跃天数）、用户参与度（包括启动次数、使用时长、访问页面和使用时间间隔）、渠道分析、功能分析（包括功能活跃、页面访问路径和漏斗模型）、用户属性分析（包括设备终端、网络及运营商分析和用户画像）等五类指标，主要应用在用户画像分析、智能推荐、营销等场景。

2.3.2 对狭义运维数据的抽象认识

借助 Peter Bourgon 在 2017 年分布式追踪峰会（Distributed Tracing Summit）对运维所面对的指标、日志、追踪及其关系的定义方法，对运维场景与数据进行挖掘和定义，如图 2-13 所示。

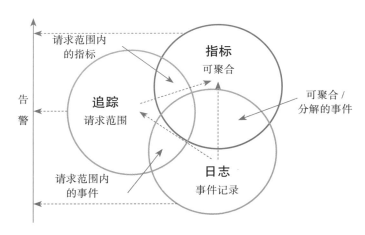

图 2-13　运维场景、原始数据项及其关系

- 时序指标（Metrics）：Metrics 的特点是可累加的，具有原子性，每个都是一个逻辑计量单元。例如，队列的当前深度可以被定义为一个计量单元，在写入或读取时被更新统计；输入 HTTP 请求的数量可以被

定义为一个计数器，用于简单累加；请求的执行时间可以被定义为一个柱状图，在指定时间片上更新和统计汇总。

- 日志数据（Log）：Log 的特点是描述一些离散的（不连续的）事件。例如，应用通过一个滚动的文件输出 Debug 或 Error 信息，并通过日志收集系统信息，存储到 ElasticSearch 中；审批明细信息通过 Kafka 存储到数据库中；又或者，特定请求的元数据信息，从服务请求中剥离出来，发送给异常收集服务。

- 调用链路数据（Tracing Model）：Tracing 的最大特点就是，它在单次请求的范围内处理信息。任何的数据和元数据信息都被绑定到系统中的单个事务上。例如，一次调用远程服务的 RPC 执行过程；一次实际的 SQL 查询语句；一次 HTTP 请求的业务性 ID。

以上数据是运维工作过程中主要涉及的 IT 数据。运维就是围绕着各种目标场景进行的知识挖掘、数据统计、事件发现等具体任务使用和操作的指标、日志和调用链路这三类运维数据。

运维场景可以定义为三种类型：一元场景、转化场景和二元场景。

（1）一元场景：指标、追踪、日志单一数据项下的场景

- 指标：可聚合的逻辑计量单元。指标既可以是基础指标，也可以是业务指标，如 CPU 使用率、硬盘容量、App 新增用户数。

- 日志：对离散的不连续事件的记录。日志又分为系统日志、应用日志、自由日志等。

- 调用链：单次请求范围内的所有信息，即调用链信息，调用链可能在系统初始化时被定义，也可能在执行过程中被发掘。

（2）转化场景：一元场景存在着基于信息抽取或信息强化后的转化关系

- 日志→指标：通过日志获取指标数据，如时间、用户数等指标数据。

- 日志→调用链路：通过对日志的聚合和转化进行追踪。日志中往往可以挖掘出时间真实的调用链信息，如银行在完成交易事件时要求每个处理逻辑都打印交易的唯一编号（UUID），因此一个交易事件的完整调用链可以通过日志信息获取。

- 调用链→指标：通过调用链的分析获得调用范围内的指标。例如任务响应时间、任务资源消耗等指标，需要通过一个完整的调用链周期才能呈现。
- 指标、日志、调用链→告警：多个源头产生的告警。这里所说的告警并不是运维的基本观测项，准确地说，告警是一个派生观测项，指标、日志、追踪所产生的异常和信息均可以通过告警来呈现。

（3）二元场景：通过两种基本观测项交叉所产生的场景

- 日志＋指标：可聚合成分解的事件。在指标发生异常时，运维人员往往希望通过查询此时的日志来分解出指标出现问题的事件原因。
- 日志＋监控：一个调用周期内的事件。在一个调用周期中发生了哪些事件或有哪些信息，需要在追踪的范围内查找日志。
- 调用链＋指标：一个调用周期内的指标。当调用链发生异常时，往往需要这个调用中的多个指标配合来综合解决运维问题。

从抽象的角度，运维数据分为时序指标、日志和调用链路数据，而从IT运维业务本身涉及的运维数据消费场景的角度，我们列举（包含但不限于）了三类极具"运维特色"的数据及其使用场景，分别是：面向智能运维的新一代配置管理 CMDB，运维数据的主数据模型构建基础指标体系以及IT 调用链路数据及其分析场景。

2.3.3　运维数据治理的特色之一：配置管理 CMDB

CMDB 管理 IT 资源层面的资源对象与资源之间的关系数据，在运维数据治理中有很重要的角色，一是在广义的运维元数据管理重点包括描述运维数字世界的数据中，CMDB 正好承担了元数据的角色；二是站在运维主数据的角色，CMDB 是所有平台体系都会消费的数据，CMDB 是运维主数据的重要数据来源。

传统的 CMDB 是与 IT 系统所有组件相关的信息库，它包含资产管理和配置变更管理。CMDB 存储与管理企业 IT 架构中设备的各种配置信息，以及与所有服务支持和服务交付流程都紧密相连，支持这些流程的运转，发挥配置信息的价值，同时依赖于相关流程以保证数据的准确性。

在数字化转型的前提下，IT 技术不断更新，对 CMDB 的功能场景需求日益增多，CMDB 不再只作为资产管理和配置变更管理，而是需要支撑很多智能化的业务场景。智能运维和数据治理赋予 CMDB 新的定义及发展方向，如图 2-14 所示。

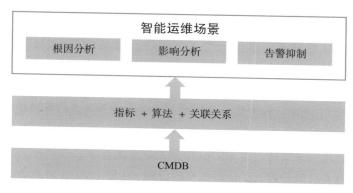

图 2-14　新一代 CMDB 发展方向

- 根因分析：基于系统整体的状态信息（包括横向 / 纵向拓扑、节点属性等）和时序信息（包括告警消息、指标数据等），利用系统结构知识和运维排障知识对问题产生的原因进行分析，从而简化运维人员排查故障的流程，使故障解决更高效。
- 影响分析：通过基础设施、应用和服务间的依赖关系（包括横向 / 纵向拓扑、节点属性等），利用故障点来判断影响哪些应用或者业务。
- 告警抑制：告警抑制是由告警消息生成警报的过程，每个警报只对应系统中的一个故障，每个故障也只对应一个警报。将一定时间窗口内的相同来源、相似形式的海量告警信息数据，按照规则聚类或分类等方法合并为多个内部特征较一致的告警信息集合，也称之为警报（alert）并进行抽象。

新一代的 CMDB 与传统 CMDB 不同，需要从业务的角度规划管理各种运维场景，梳理和分析运维对象关系，从不同层面构建模型，并通过模型定义配置项关联关系，帮助运维人员了解资源对象的关联关系，以便快速定位故障，提高工作效率。这对新一代 CMDB 的数据治理自然提出了更多、更高的要求：

- 配置项数据的质量管理：精确的元数据管理为其他平台提供数据支撑；
- 提升工作效率，降低操作风险：具备自动采集能力，保证数据的准确性；
- 符合合规要求：对配置变更记录进行管理（传统 CMDB 也具有这样的功能，但是新一代 CMDB 对此要求更高，会有如变更通知的能力）；
- 降低 IT 成本：资源集中化管理，结合监控平台进行资源优化；
- 新技术的引入：如图数据库等；
- 智能化场景支持：为 AIOps 落地提供数据支撑；
- 运维人员的管理：系统操作权限管理（传统 CMDB 对此也有要求）。

2.3.4 运维数据治理的特色之二：运维指标体系管理

随着数据智能对运维工作赋能作用越来越大，与数据相关的场景将会不断涌现，此时就需要有一个可复用、可共享的指标体系支撑场景的敏捷实现。从运维数据治理的角度，指标体系将承担运维主数据的角色。

运维指标体系与传统大数据指标体系有所区别。业务的指标体大体可以分为三类，即收入类指标（Revenue）、用户类指标（User）和业务量类指标（Number），且有 OSM、AARRR 等模型，但是这一类模型主要用在运营指标体系的建设上，不适用于运维指标体系。与业务数据不同，运维主数据应该聚焦在运维指标上，即运维指标体系的管理，包括指标库管理、指标评价管理、指标应用管理等。运维指标体系是将零散单点但具有相互联系的指标系统化地组织起来，形成一个由多个指标按照一定逻辑关系组成的且服务于特定目标的有机体系。运维指标体系从业务层指标穿透到了 IT 指标，建立了从业务到 IT 各层的分层模型。运维指标通过维度、分类分层、运维指标关系、评估、属性及建模等方面进行描述。运维指标参考分层示例如图 2-15 所示。

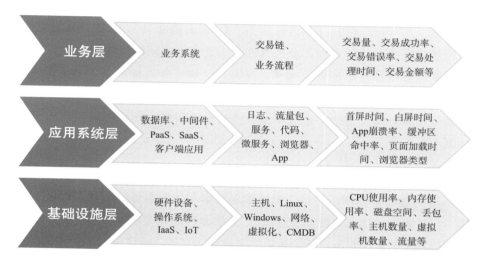

图 2-15   运维指标体系分层

运维指标体系建设思路包括以下几个方面。

1. 需求定义

建立总体框架。目的是确定指标体系应涵盖的范围（领域、场景和过程）及功能要求，初步搭建指标体系的总体框架。为此，需明确指标体系构建的服务目的和服务对象（指标体系的使用者），并根据服务对象的需求及实际情况（如数据源、数据质量等），来确定指标体系应涵盖的范围（领域、场景和过程）及功能要求（如多维度分析、钻取、指标可复用性等）。

2. 体系构建

选取指标和维度，构建指标体系。根据初步搭建指标体系的总体框架，针对客户各个不同业务领域、场景或过程的特点，结合组织战略目标分解、指标体系使用者的需求、行业最佳实践与专业知识、现有数据资源状况等，确定不同领域、场景所适用的分析模型或框架（如平衡计分卡模型、工作流模型、AARRR 模型等），自上而下（从业务需求、模型等出发）与自下而上（从现有业务系统能提供的数据指标出发）相结合，围绕各业务领域及场景构建的指标库和维度信息库，遵循 SMART 原则（S= 指标具体、M= 指标可测、A= 指标可得、R= 指标相关、T= 有时间条件），选取和确定各领域及场景所需采用的指标和分析维度，明确指标之间的层级关系和因果关系，明确各指标及维度的定义和计量方式，确定各指标的基准和阈值（理想取值范围）、统计时间周期等，经反复沟通确认，形成一套框架合理、逻辑清晰、指标定义准确、维度丰富、评价标准科学、计量周期合理的指标体系。

3. 平台构建

建立数据指标体系平台，开展数据采集和数据治理。明确运维数据标准（业务属性、技术属性和管理属性）、指标数据元和维度数据元标准，做好对指标和数据的规范定义，采用维度建模的方式，搭建指标体系平台或数据库。从现有的业务、运维等数据源中接入有关指标数据，补充收集现有不足的数据，开展数据清洗工作，形成高质量的业务运维指标体系平台或数据仓库。

4. 场景应用

将指标体系及平台数据运用于数据分析、根因分析、决策支持、机器学习、可视化、自动化等。

5. 管理维护

管理和优化指标体系。指标体系运用也存在生命周期，针对整个生命周期，持续做好指标体系优化、更新和维护工作。同时，为提高指标数据的复用度、降低使用成本，需持续做好相应的数据平台运营工作。

2.3.5　运维数据治理的特色之三：调用链路及其应用场景

随着新一代技术架构的不断演进，可以预测企业架构的复杂性将越来越大，单对运维对象这个"点"的理解将不足以支撑运维工作，还需要对"点"与"点"之间的"线、面、体"之间的关系进行理解。调用链是生产运行对象关系的一种重要表达方式，但由于链路是一种复杂数据，将是运维数据治理后续的一个难点。

在分布式服务体系下，整个处理的链条中，如果有任何一个节点出现延迟或者故障，都有可能导致最终结果出现异常，这对服务节点的异常定位和排查带了极大的挑战。调用链路追踪为用户提供了完整的调用链路还原、链路拓扑、请求量统计、关系依赖分析等能力，利用调用链路的模型进行监控，得到业务请求的系统间调用链路拓扑图，可以帮助企业更好地监控业务调用状态及健康度，快速实现故障定位，优化业务性能瓶颈。同时，通过调用链路追踪不仅能帮助定位问题，还能帮助用户清晰地了解庞杂的系统部署结构。可以根据调用链中记录的链路信息，生成应用系统调用的拓扑图，用来描述系统中各个服务之间的调用关系以及系统与服务的依赖关系，拓扑图还可以起到监控全局服务的作用，帮助掌握系统的状态。

1. 应用系统的调用拓扑

拓扑结构图是指以应用服务和组件为点，以调用关系为线，绘制服务依赖的调用结构图，可以直观展示服务与服务、服务与组件之间复杂的依赖调用关系，并纵向展示各节点的健康状态。常见的拓扑图以树形和网形展示。拓扑结构图直观明确地展示服务调用关系，同时能纵向思维展示服务依赖节点或组件，明确异常节点，如图 2-16 所示。

基于拓扑结构的智能运维场景如下：

- 全局指标把控，提前发现问题；
- 请求性能分析；
- SQL 性能优化；
- 错误异常分析；
- 应用和服务依赖分析。

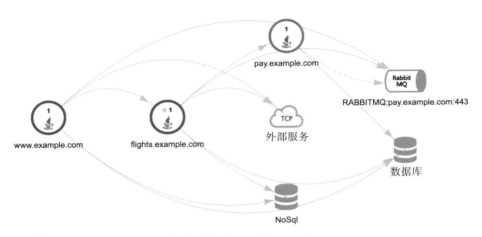

图 2-16　应用系统调用拓扑

2. 单次请求的调用链

广义上，一个调用链代表一个事务或者流程在系统中的某次具体执行过程，以应用服务为点，以执行流程为线，展示事务跨应用服务执行的有向无环图，直观表现完整事务的执行过程和每个节点的执行健康状态，支持记录某次请求经过各个微服务和中间件的相关信息（服务、接口、开始时间、耗时），并将其可视化，表现了单次事务执行过程的质量。在链路中的某个组件出现问题时，可通过界面快速定位出问题的组件。如图 2-17 所示，比如能够分析请求状态、URL、代码语言、请求时间、主机实例、客户端 IP、响应时间、HTTP 响应状态等基本信息，也可以查看可能存在的问题，包括异常信息、错误信息、HTTP 响应时间、SQL 语句耗时、API 调用耗时等。

图 2-17　单次请求调用链

从数据模型和场景使用的角度分析，以典型 IT 系统中的调用链路模型为例，这种模型的特点是追踪的关联关系建立以及非二维结构化，基于调用链路的根因诊断与故障影响分析是调用链路模型的典型使用场景，而这类场景与结构化的业务数据分析的数据血缘是有很大差别的。传统的数据治理涉及的概念模型、逻辑模型、物理模型等概念在运维数据模型的处理上是不适用的。

2.3.6　运维数据治理呼唤新思考和新方法

由于数据应用的场景目的不同，对于所有运维数据的治理，其最基本的目的是要保障 IT 系统的稳定运行和业务的连续性，所以面向 IT 服务的感知能力、度量能力和分析能力是运维数据应用的场景基础。传统企业数据治理的最终目的是要提升业务的敏捷性，通过建立一致的企业数据模型以及统一的组织数据展示和利用，从而让业务人员能够更快地获取用户与产品数据，进行更好的市场业务洞察，提升业务对市场的响应速度。

综上，运维数据具有海量、实时、多格式和范围广等特点。传统业务数据治理从方法论到实践，从工具平台到组织建设都已趋于成熟，但相较于传统的业务数据，运维数据具有明显的差异性，如数据模型不同，数据来源不同，源数据采集方式不同，数据时效性不同，对数据唯一性的要求不同和支撑场景的要求不同等。所以，不能直接照搬现有的数据治理标准，需要在已有的标准和模型基础上，基于运维数据的根本特点以及场景化管理与应用，构建合适的模型和方法。

运维数据治理在我国才刚刚起步，现阶段仅在金融、运营商等 IT 信息化运维水平较高的行业有初步的实践，主要是基于企业现有的条件和 IT 运维的成熟度实现某些局部能力的构建。从各行业实践上看，金融行业是运维数据治理领域的领跑者，基于中国计算机用户协会信息科技审计分会发布的《2019-2020 年度金融行业运维数据治理调研报告》数据表明，参与调研的 43 家机构中只有 12 家自评达到了 3 级（量化管理级）以上，从 DCMG《中国行业数据中心运营管理 2019 年度报告》中我们看到，在 2019 年工作总结和 2020 年工作计划中，"数据"是词频最高的关键词。在 DCMG《中国行业数据中心运营管理 2020 年度报告》的编制过程中，运维数据治理已经被当作单独的领域进行统计，已经出现了运维数据安全治理、运维数据运营和运维数据治理体系等关键词。

本书继承和借鉴了传统业务数据治理的理论方法，针对两者的差异以及运维数据的特点，提出了运维数据治理的模型方法和实践指导。通过运维数据治理，将企业运维状态、运行质量、流程和组织架构进行有机结合，形成企业特有的运维数据治理体系。

2.4 运维数据治理模型

当前，传统运维工作流程由人完成，在复杂、烦琐的 IT 细节上花费了太多的人力资源，需要通过智能运维，将业务运行状况、IT 风险、工作状况等以数字化的方式呈现给运维管理者，并给运维人员提供"洞察感知、决策支持、机器执行"的能力。但现有的运维数据存在数据特征多样化、变更频繁、非结构化数据多、工程化算法模型不足等问题，需要建立一个数据全生命周期的运维数据治理。由于运维数据治理是领域内的一个新课题，本书对运维数据治理的分析，借鉴了传统数据治理沉淀下来的方法，将从四个主线索展开。一是结合运维组织核心价值创造，确立运维数据的资产地位；二是建立运维数据治理相关的制度、标准、流程等工作机制；三是建立围绕运维数据治理构建和使用的适合的平台工具；四是促进数据的使用、共享和开放，监测数据质量，保障数据安全。为此，我们设计了如图 2-18 所示的运维数据治理模型。

数据治理是一项复杂的工程性工作，涉及大量资源投入，需首先明确运维数据治理不是为了治理而治理，其核心意义需要从运维价值来驱动，即控制 IT 风险、提升交付速度、提升客户体验、提高 IT 服务质量。在此价值创造的基础上，模型提出了运维数据治理的目标：获得更加准确、好用的运维信息资产。这个目标有 3 个关键词："准确"的数据是智能化运维的基础，数据不准将导致智能运维场景不可用；智能运维是一种全新的运维模式，

"好用"的数据将有助于智能运维的应用，数据应用又能反过来提升数据的准确性；运维数据的类型很多，要用好数据，需要数据达到"信息资产"的级别。

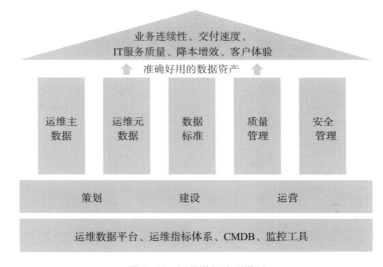

图 2-18　运维数据治理模型

要让运维数据转变为信息资产，需要围绕治理方法、治理过程和技术平台三要素，持续完善运维数据治理。在治理方法上，我们认为重点要关注以运维指标体系为代表的主数据管理，以 CMDB 为代表的广义元数据管理，并基于数据标准、质量管理和安全管理形成运维数据治理的关键治理工作。在治理过程上，我们借鉴 PDCA、IT 治理、精益创新等思路，重点划分为策略、建设和运营三个闭环。在治理工具上，我们建立存量与新建工具组合的工具支撑，包括运维数据平台、指标体系、CMDB、监控、数据门户等工具。

方法篇

对于创新来说，方法就是新的世界，最重要的不是知识，而是思路。

—— 郎加明

人类历史伴随着各种学说和方法论，如天圆地方、毕达哥拉斯主义、欧式几何、牛顿力学、进化论、量子力学、功利主义、凯恩斯主义、K线图等，这些学说和方法论引领人类更好地看待世界。在当前 VUCA（易变性、不确定性、复杂性、模糊性）的数字时代，我们既面临复杂性、不确定性的空前剧烈，又面临信息爆炸带来的焦虑，每个人、每个企业、每个行业都要有自己的判断，拥有一套和谐统一的理解世界的方法论。在运维的数字世界中，虽然我们有海量的数据，但数据的准确性、格式的标准化等问题仍需解决，只有成为数据资产的数据才能成为原材料，否则就是运维数字世界中的"Bug"。获得运维数据资产需要有一套适合运维领域的数据治理方法论，引导行业更好地理解数据和治理数据。

在米卡埃尔·洛奈的《万物皆数》中，"数"作为事物的属性和万物的本原，世界万物的物理运动和表达方式均可用"数"描绘。毕达哥拉斯首先提出了万物皆数的理念，该理念奠定了宇宙认识论的思维基础，他认为物质世界的各种各样的现象，都显示出相同的数学特征，月亮、气球有相同的形状，垃圾桶和酒桶可以有相同的体积，并提出了"万物皆数，数是实在的本质"这一观念，支配着整个近代科学。

"数据"是对于"数"的表达方式，尤其是从自然科学到计算机科学发展的产物。在计算机系统中，数字、字母、词语、文章、语音、图像、视频等都是数据的表现。数据是数字世界的关键生产要素，由数字世界连接网络、连接数据，从数据提取信息，再由信息推动数据价值化，而数据资产化是数据价值化的关键。数据是对物理世界客观事物的数字化描述，是未经加工处理的原始材料。虽然我们知道数据能带来价值，但在当前数据爆炸的时代，企业面临很多无效数据的轰炸，如何让有效的数据参与到社会生产经营活动中，为产品使用者或企业带来真正的价值是企业当前需要解决的难题，即数据如何成为数据资产。构建数字世界就是将物理世界的人、事、物，以及连接关系，用"数据资产"重新设计构建一遍。这里强调"数据资产"，目的是强调不是为了复制物理世界而构建数字世界，而是要专注数据产生的价值，利用好数据的特性，发挥数据价值。

进入数字时代，数据价值被进一步打开。一方面，数字化驱动客户服务、交易模式、业务创新、运营管理和风险管理的重塑变革；另一方面，变革导致业务增速加快，架构复杂度指数级升高，而传统不灵活的 IT 架构已成为变革的障碍，给运维组织带来巨大的挑战。当运维组织规模较小时，运维流程与协同可以通过线下沟通解决，随着内外部环境复杂度越来越高，线下协同的方式无法适应当前面临的挑战，构建运维数字世界成为运维组织的必经之路。要构建运维数字世界，首先要认识构建数字世界的原材料——运维数据资产。其次，运维组织也要清楚运维数据治理与传统数据治理的区别，在有限的资源配置下有侧重、有聚焦地推进数据治理。第二部分的方法篇，我们将围绕运维数据资产、运维元数据、运维主数据、数据标准，以及配套的数据质量和数据安全管理方法进行阐述。

第 3 章| CHAPTER

数据升华之路：从运维数据到资产

　　《裴注三国志》卷 35 "诸葛亮传" 记载：诸葛亮病重之时，每天食米 "不至数升[⊖]"，魏军统帅司马懿得知这个消息，大喜过望，断言 "亮将死矣"。在诸葛亮六出祁山伐魏中，司马懿通过分析诸葛亮作息与饮食等数据信息，判断诸葛亮命不久矣，于是僵持于渭南以不变应万变，坚守不出高挂免战牌，最终取得战略上的成功。这就是我国古人运用数据带来的价值。同样，在西方，毕达哥拉斯学派提出了万物皆数的观点，认为数是万物的本原，事物的性质是由某种数量关系决定的，万物按照一定的数量比例而构成和谐的秩序，万物皆数观点对西方近代科学的发展起到了推进作用。

　　为了全面认识运维数据，我们从 **"数据类型、数据形式、数据载体"** 三个角度对数据进行描述，这些运维数据是构成运维数字化世界的数据原材料。一个理想的运维数字世界，应该具备 **"点、线、面、体"** 的结构。"点" 是运

　　⊖　魏晋 1 升约合今天 0.2 公升，单位与现在不一样，按当时的单位，一个正常士兵的饭量为 7 升，所以当时诸葛亮的饭量是很少的。——作者注

维组织内的人，与运维组织相关联的外部组织的人，以及机器、软件、应用、服务等运维对象。人与运维对象能够用数字化方式描述为众多的"点"。"点"与"点"之间需要通过运维涉及的软件交付、IT 服务、IT 运营等价值创造的"线"串联起来，运维的价值创造通过运维流程及场景的方式描述。数字化运维体系的组织、流程、平台、场景等以整体角度组织：众多的"线"整合在一起就形成了企业运维数字世界的"面"。随着企业与外部企业或机构之间的关系越来越多，企业内的运维组织与外面的连接也越来越多，运维此时应该站在生态的角度，融入生态，面与面之间连接起来就形成了三维的"体"。

3.1 认识运维数据原材料

3.1.1 运维数据全景

在推进企业数字化转型的同时，IT 运维组织面临迅猛化、规模化业务的巨大挑战，传统不灵活的 IT 架构已成为变革的障碍，而云计算和大数据技术更好地推动了这种变革，对数据中心基础设施架构的演进及上层应用的运维模式都产生了深远的影响。业务增长速度快、架构的复杂度指数级升高，带来的是相关运维数据范畴的极大变化。传统的运维数据一般仅涉及底层的基础设施以及部分的应用，但是在以用户体验和业务结果为核心的外向型运维管理模式下，运维数据的边界已然被打开了。运维数据不仅包括面向多层技术栈层面的各类参数与文件，同时还包括了各种用户体验的数据以及与企业相关的核心业务质量 KPI 等。为了全面地认识运维数据，我们从"**数据类型、数据形式、数据载体**"三个角度对数据进行描述，并组成当前运维数据全景图，如图 3-1 所示。

数据类型描述运维数据反映的信息。运维数据类型是构建运维数字世界的原材料。数据类型包括生产环境对象及 IT 服务管理，前者是与运维相关的基础设施、平台软件、应用系统、业务和体验涉及对象的数据，后者是运维管理过程中涉及的 IT 服务管理数据。理解运维数据类型，有助于运维组织全面观察运维或运营对象，感知运维管理执行情况。

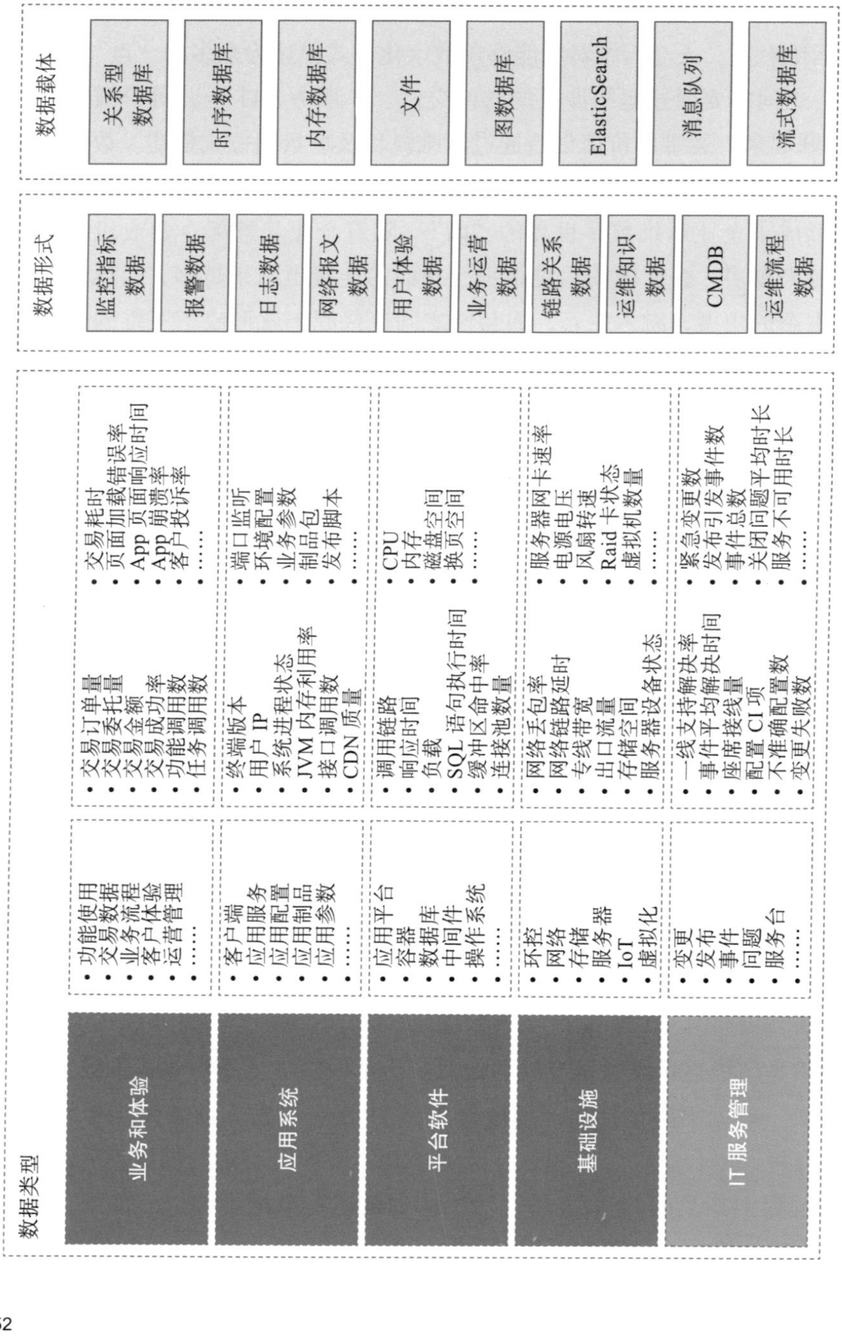
数据载体
关系型数据库
时序数据库
内存数据库
文件
图数据库
ElasticSearch
消息队列
流式数据库
数据形式
监控指标数据
报警数据
日志数据
网络报文数据
用户体验数据
业务运营数据
链路关系数据
运维知识数据
CMDB
运维流程数据
数据类型
业务和体验
• 功能使用
• 交易数据
• 业务流程
• 客户体验
• 运营管理
• ……
• 交易订单量
• 交易委托量
• 交易金额
• 交易成功率
• 功能调用数
• 任务调用数
• 交易耗时
• 页面加载错误率
• App 页面响应时间
• App 崩溃率
• 客户投诉率
• ……
应用系统
• 客户端
• 应用服务
• 应用配置
• 应用制品
• 应用参数
• ……
• 终端版本
• 用户 IP
• 系统进程状态
• JVM 内存利用率
• 接口调用数
• CDN 质量
• 端口监听
• 环境配置
• 业务参数
• 制品包
• 发布脚本
• ……
平台软件
• 应用平台
• 容器
• 数据库
• 中间件
• 操作系统
• ……
• 调用链路
• 响应时间
• 负载
• SQL 语句执行时间
• 缓冲区命中率
• 连接池数量
• CPU
• 内存
• 磁盘空间
• 换页空间
• ……
基础设施
• 环控
• 网络
• 存储
• 服务器
• IoT
• 虚拟化
• 网络丢包率
• 网络链路延时
• 专线带宽
• 出口流量
• 存储空间
• 服务器设备状态
• 服务器网卡速率
• 电源电压
• 风扇转速
• Raid 卡状态
• 虚拟机数量
• ……
IT 服务管理
• 变更
• 发布
• 事件
• 问题
• 服务台
• ……
• 一线支持解决率
• 事件平均解决时间
• 座席接线量
• 配置 CI 项
• 不准确配置数
• 变更失败数
• 紧急变更数
• 发布引发事件数
• 事件总数
• 关闭问题平均时长
• 服务不可用时长
• ……

图 3-1 运维数据全景图

运维数据通过特定的形式采集、存储和管理。通过对运维数据类型中的众多数据进行分析，这里梳理了 10 种数据形式，包括监控指标数据、报警数据、日志数据、网络报文数据、用户体验数据、业务运营数据、链路关系数据、运维知识数据、CMDB 和运维流程数据。理解运维数据形式，运维组织才能更好地通过构建流程和平台，实现运维数据的采集、存储和管理。

为运维数据选择不同的数据载体。不同的运维数据形式，在数据量、数据格式、数据访问频率、消费分析场景方面各有不同，需要有不同的数据载体。本书梳理了 8 种数据载体，包括关系型数据库、时序数据库、内存数据库、文件、图数据库、ElasticSearch、消息队列和流式数据库。理解运维数据载体，才能结合企业现状选择合适的技术方案，更好地发挥不同数据存储与计算引擎的特长，支持数据加工、计算、处理和消费的应用场景。

3.1.2 运维数据类型聚焦数据应用

运维数据类型反映数据内涵，践行以终为始的分析运维数据资产化之路，首先要认识构建运维数字世界需要何种类型的数据。数字时代，运维组织的价值已经在主要围绕业务性保障的基础上，增加了提升 IT 交付速度、提高 IT 服务质量、辅助提升客户体验三个运维价值创造，实现在"高速运转"中更换轮子。要实现这个目标，需要利用数字化手段，更好地感知运行状况，并利用数据辅助决策，跟踪决策的执行，要用梳理当前运维体系的运营方式，用数字化思维重新设计一次组织、流程以及平台。为此，这里对当前运维组织不同的岗位工作进行梳理，划分为生产环境与 IT 运营管理两部分，共五个层面，再对每个层面工作分解出不同的运维数据类型。

1. 生产环境

生产环境承载了业务运行所需要的硬件与软件，采用分层的角度看待生产环境，可以分为基础设施层、平台软件层、应用系统层、业务及体验层。围绕生产环境数据将有助于更好地洞察生产环境运行状况，在应急保障、性能管理、容量管理、用户体验分析等环节提供数据支撑。

（1）基础设施层

基础设施层主要指数据中心层面，数据中心部署了数据处理、数据传输和网络通信等多种 IT 设备，以及为 IT 设备服务的电力、空调、传输管路等相关系统及设备，通过合理的 IT 架构，实现信息的处理、传输、储存、交换、管理等功能。为了实现数据中心的高可用，通常大型企业还会建立两地三中心的架构。在基础设施层，主要对应机房环境设施管理、网络运维管理、存储资源管理、服务器运行管理、虚拟化管理等。其中，机房环境设施管理主要包含机柜位置、空调、消防设施、安防设施、弱电设备、UPS 等最基础的机房环境设施；网络运维管理主要包括数据中心所有的交换机、路由器等设备，以及由这些设备组成的所有网络，需要监控网络的运行情况并评估网络风险，定期对网络进行优化配置，提高网络运行效率，保证整个网络环境的安全；存储资源与服务器资源管理通常是由一个团队负责，职责主要包含整个数据中心的小型机、服务器、存储设备等设备，以及虚拟化平台。

随着云计算架构的演进，行业采用软件定义的方式重新设计了基础设施层的能力，更好地屏蔽了基础设施层硬件的复杂性，同时为上层的平台及应用软件提供按需、弹性以及所见即所得的基础设施能力，这个过程也重塑了基础设施层的生产环境。为了更好地管理软件定义的基础设施层，需要在线获得基础设施层的运行数据，比如环境控制中的机柜、电力、空调、温度、门禁等数据；网络层面的网络链路、带宽、出口流量、网络安全等数据；存储及服务器设备的服务器、电源、风扇，以及硬件上虚拟化的相关数据。基础设施层的数据除了用于基础设施可靠性与稳定性的监控及应急管理以外，也为建立绿色节能数据中心的能效管理、弹性资源、成本管理、容量管理、服务管理等提供基础。

（2）平台软件层

传统运维组织的平台软件包括各种操作系统、数据库、中间件、备份软件等，运维的职责主要是保障这些基础软件正常工作，并优化配置，当软件出现问题时，协助应用人员解决故障。其中，操作系统管理重点包括系统升级、软件补丁升级、系统配置管理、域用户管理、防病毒管理、故障分析等工作，以此获得操作系统层版本、用户、权限、文件、磁盘使用空间等配置数据，以及反映操作系统性能的 CPU、内存、换页空间的运行数据；数据库管理重点包括数据库规划、资源使用监控、数据同步、应急管理等工作，以此获得数据库运行数据、进程状态、表空间容量、日志容量、数据库锁、SQL 执行耗时、同步时延等数据；中间件管理重点围绕 Web 中间件、负载均衡软件、消息中间件等，不同软件可以获得不同的数据，比如 Web 中间件的连接数与并发量，负载均衡软件的请求数与请求状态等。

随着云原生架构的推进，平台上的应用系统架构向微服务、容器化演进，衍生出各种不同的公有云 / 私有云的混合云环境，以及各种跨云 / 跨平台的操作。在以私有云为主的企业内，云原生架构以容器化为主要表现形式，涉及容器集群资源负载、集群基础组件健康情况、节点性能监控，以及 TPS、QPS、请求熔断、限流、超时次数等常见微服务监控指标，链路追踪等数据。

（3）应用系统层

应用系统层主要针对应用系统的运维管理，或称为应用运维，涵盖内容比较复杂，比如应用系统业务连续性保障涉及的监控、应急、优化、配置等；软件发布涉及的评审、变更审核、发布等；另外，还涉及应急演练、数据维护、数据提取、参数维护、架构优化等。应用运维的岗位需要兼顾以下角色：

- 系统架构师：清楚应用系统的部署架构，懂得应用逻辑架构，掌握上下游系统、高可用、容灾架构等。
- 业务架构师：清楚核心业务功能的业务逻辑，当核心功能不可用，甚至一笔关键交易异常时，能够及时发现并快速应急解决，或利用混沌工程加强业务风险点。
- 可用性工程师：擅于利用工具落实可用性改进、容量规划、延迟优化、性能优化、业务架构优化、应急演练、应急预案编写等工作。
- 运维操作员：负责各类监控发现、舆情感知、故障应急、根因分析、系统巡检、咨询反馈、变更交付、IT 服务等工作。

应用系统层涉及的数据主要涵盖应用系统扩展，比如应用端口监听、进程状态、应用软件版本、软件发布时间、调度任务时间、任务状态、开业状态、配置文件、参数、证书有效期、连接关系等数据。

（4）业务及体验层

数字化转型的大背景下，企业的运维需要向业务及体验层扩展，这就需要运维工程师具备数据思维，能够让系统运行、业务运作、客户体验、流程管理等数字化，并利用掌握的运营数据驱动研发、测试和业务运营的持续优化。业务及体验层的数据相比前面几层数据面更广，管理难度更大，比如以客户的用户旅程作为切入点，获得用户行为的位置、终端设备、操作响应、节点耗时、App 运行状况、注册用户数、交易客户数、交易次数、登录数等数据。以下是对业务及体验层数据的分类，包括涉及 IT 关键质量的业务指标，也包括一些纯业务分析数据：

- 获客类，指用户从意向开户到成功开户的业务环节，比如注册数、开户数、平均申请时长、开户转化率等；
- 活跃类，反映核心用户规模，表示某段时间范围内进行资金转入转出、交易、理财、终端性能等数据，比如登记客户数、新客户活跃数、交易次数、App 启动数据等；
- 留存类，反映客户质量与客户忠诚度，比如客户数、有效户数、高净值户数等；
- 收入类，反映交易与产品收益情况，比如交易金额、佣金收入、理财收入等。

2. IT 运营管理

IT 运营管理是运维组织为了有效落实业务连续性保障、IT 服务、软件交付等工作，所建立起来的运维管理体系及其实践过程。通常，运维管理体系由组织、流程和平台构成。其中，组织主要针对组织架构、岗位、人、能力等信息；流程主要指运维组织沉淀下来的做事方法与规程；平台则主要是围绕"监管控析"建立起来的平台。通常，企业 IT 服务管理软件（ITSM）会提供很多指标，指标主要围绕一些流程，参考 ITIL 最佳实践可以将 IT 运营管理数据分类如下：

- 运营类数据：主要围绕事件管理、服务台、配置管理、变更管理、发布管理、运营管理等。
- 战术类数据：主要围绕服务水平管理、问题管理、容量管理、可用性管理、安全管理等。
- 战略类数据：持续改进、风险管理、知识管理、能力培训等。

有效地利用 IT 运营管理数据，可以让运维组织更好地观察运维管理体系运营状况，以达到持续优化组织、流程和平台能力的效果。

流程指标应用的关键目标是建立持续优化型运维组织，并确保组织价值创造与公司的价值创造保持一致。一是为 IT 流程提供可度量的依据，向运维组织、IT 组织、企业经营决策层提供评价 IT 运营管理的情况，帮助利益相关方理解 IT 运营管理的总体情况。二是为持续优化运维组织、流程和平台提供推力，度量 IT 运营的流程效率、服务水平、业务连续性、发布交付效率等，基于指标数据推动组织架构和能力的提升以及流程的优化，并实现平台能力的提升。三是引导运维组织达成规划愿景，为 IT 运营的发展提供战略导向，达到 ISO20000、ITIL、ITSS、AIOps 等行业最佳实践或成熟度标准，并有效支撑运维组织对用户 SLA 目标的达成。

3.1.3　运维数据形式聚焦平台化建设

数据形式是运维数据的存在形式，不同的运维数据类型分布在不同的环境，要将数据采集、存储、管理联系起来，需要认识主要的运维数据形式。运维体系由组织、流程、平台和场景组成，平台在运行过程中沉淀了不同的数据，比如监控平台沉淀了监控性能指标与报警数据，日志平台沉淀了机器日志与应用日志数据，APM 与 NPM 沉淀了性能与网络报文数据，应用系统沉淀了系统运营相关数据。同时，采用平台化思路，平台要贯穿基础设施层、平台软件层、应用系统层、业务及体验层和 IT 服务管理层 5 层的运维数据。理解运维数据形式，运维组织才能更好地通过构建流程和平台，实现运维数据的采集、存储和管理。以下从监控指标、报警、日志、性能、业务运营、CMDB、运维知识和运维流程 8 类数据进行分析。

（1）监控指标数据

生产系统要运行良好，首先需要确保软硬件设施的稳定运行，比如机房环控、网络设施、服务器设施、系统软件、数据库、中间件、应用服务、交易功能、客户体验性能等因素都与稳定性息息相关。监控系统的职责是对生产环境的健康性进行监测与控制，它是业务连续性保障能力的基础。一个基本的监控工具，通常需要具备监控性能指标数据采集、性能指标数据存储、报警策略计算、报警事件及应急操作行为的能力，其中监控性能指标数据是监控工具的基础。在运维监控领域，大量监控性能指标数据都是以时序数据的形式产生及应用的，在端到端的全栈监控中，监控工具采集大量时序类型的监控指标，即同一指标按时间顺序记录的数据列。

由于市场上成熟的监控系统很多，不同层面的监控工具关注点各不一样，很难选择一个包罗所有能力的监控系统，通常企业采用分层的角度部署源端的监控工作。源端监控工具的类别很多，可以是主流的专业监控工具，或 IaaS 层或 PaaS 层提供的平台监控工具，或应用系统供应商提供的监控工具，或基于日志、NPM、APM，以及基于运维数据分析平台等提供的工具或监控能力。源端根据生产环境选择不同的监控工具，这样就会产生监控性能指标数据无法有效关联整合的问题，所以需要将多源头的性能指标数据进行数据整合、加工和处理。监控性能指标数据整合工作，通常会集成主流的监控数据源（如网络监控、硬件监控、存储监控、系统监控、应用监控等），将各种监控数据（主动接收的时序数据、被动获取的关系数据库、日志数据等类型）进行关联整合，协助用户从业务、IT 服务、资源等角度解决监控、保障业务、优化运维等问题。

（2）报警数据

Google SRE 曾提出监控应该尽可能简单地把需要人介入或关注的信息展示给运维团队，而问题的定位和解决过程不需要重点直接关注。当前，能实现自愈的组织还比较少，或还在摸索建设过程中，所以如何让每天产生上亿条流水，触发上万次报警条件（同一告警如未解除会持续不断地触发报警条件），来自各种不同工具、不同格式的报警以尽可能简单的方式展示给一线监控团队，并通过监控报警处理时效性驱动监控事件的响应效率，是监控平台需要解决的重要问题。报警数据的整合与管理就是为了解决上述问题，主要包括：

- 报警汇总：汇总不同层次、不同专业条线、不同类型事件的报警是监控集中管理的基础；
- 报警收敛：同一个故障会触发多类指标的告警，同一个指标在故障未解除前也会重复产生大量的报警，如果将全部报警都展示出来，对于监控处理人员将是灾难性的，所以需要进行报警收敛；
- 报警分级：对于不同的报警需要有适当层次的报警分级和报警升级的策略。报警分级是将报警当前紧急程度进行标识显示，若低级的报警达到一定的程度，比如处理时间过长，则需要进行升级；
- 报警分析：报警分析可以建立报警的关联关系，关联分析可以从纵向和横向关系进行分析，纵向是指从底层的基础设施、网络、服务器硬件、虚拟机 / 容器、操作系统、中间件、应用域、应用、交易等方面进行；横向是指从当前的应用节点、上游服务器节点、下游服务器节点的交易关系进行。事件分析是形成故障树以及自愈的基础。
- 报警时效管理：在故障处置过程中，通常关注一些管理与度量指标，比如 MTBF（无故障时长）、MTTI（平均故障发现时长）、MTTK（故障定位时长）、MTTF（平均故障处理时长）、MTTR（平均故障响应时长）、MTTF（平均故障恢复时长）等。在上述指标中，MTTR 重点要关注监控报警时效性管理，即报警出现后多久被运维值班人员受理并介入处理，针对处理不及时的报警如何升级加快处置。

（3）日志数据

日志是运维了解硬件及软件内部逻辑的窗口，日志记录了业务、中间件、系统等全链路信息，可以有效监控 IT 系统的各个层面，从而有效地调查系统故障，监控系统运行状况。以软件为例，从系统生命周期看，由于运维没有参与到软件的需求分析、系统设计、编码开发、质量测试等阶段，当系统交接到生产环境时，软件日志是运维了解系统运行状况的重要手段。利用日志，运维可以了解用户行为操作、服务请求调用链路、功能调用是否成功及失败原因等信息。日志分析是监控、排障和性能分析的重要手段，能够帮助运维人员快速定位问题，早发现问题，早处理问题，维护系统健康。同时，深入挖掘日志的价值已经成为当前日志的研究方向，利用日志进行业务流程的挖掘，基于日志进行根因分析，利用日志进行故障预警，利用日志了解系统运行性能、辅助软件测试等也大大加深了对于日志的洞察。

传统运维依靠人力从日志中排查故障原因，主要通过 grep、sed 等指令利用关键词（error、fail、exception 等）进行搜索，或利用基于规则的日志提取方法，通过传统方式手动设置正则表达式来解析日志。这不仅对代码要求高，而且要求运维人员对系统和业务具有丰富的经验。随着系统的日趋复杂化，日志显现出数量庞大、无固定模式、不易读懂等特点，仅凭借管理员在海量日志中手动查看日志记录，需要登录每一台服务器，一次次重定向文件，操作烦琐，排障时间长，在长期运行的场景下，很难监控系统动态，未必能及时定位系统故障根源。所以，构建一体化的日志分析平台并利用人工智能技术对日志进行分析是日志分析的发展方向。利用大数据技术构建日志分析平台，实现离散日志数据的统一采集、处理、检索、可视化分析等功能，并实现基于日志的运维监控与分析、安全审计与合规，以及各种业务分析等数字化运维和运营场景。统一的日志分析平台能够自动实现日志的模式发现，将大量的日志原文转化为少量的日志模式，大大减少了人工筛选时间，可以帮助运维人员更快地定位故障。

（4）性能数据

性能管理可以通过对关键业务系统进行监测、告警与优化，不断改善业务的可靠性与稳定性，为客户提供良好的服务，提升核心竞争力。早期的性能管理主要是以网络为中心，对基础设备的性能数据进行收集与加工，并提供给企业客户，相当于提供一种事后数据的简单处理与告警监控功能。随着性能管理市场的发展，当前的性能管理工具在性能监控的基础上有了进化，更加关注运维数据的分析，比如客户端到端的客户体验、终端交互行为、性能瓶颈等。

根据性能管理技术方案的不同，可以分为客户端与服务端两种实现方法，分别包括：

- 客户端类

主动模拟拨测：主动式、客户端监控。主要通过覆盖全面的监测网络，部署自动化的监测工具。

页面插入代码：被动式、客户端监控。主要通过在客户端浏览器插入 JavaScript 代码以采集最终用户的性能体验，W3C 推出了 Web 性能 API 标准，现在已经可以实现非常细粒度的监控。

客户端插件采集：因为移动端应用有多种方式，原生应用、Hybrid App 以及 Web App，因此监控的方式也多样化，有通过手机浏览器自动拨测、嵌入 SDK、HTML5 页面内插件、JSBridge 等方式。

- 服务端类

服务端旁路：部署定位后通过 SPAN，TAP 旁路应用访问流量进行 Sniffer，解析网络报文后再进行各类 TCP 协议分析和性能采集（NPM）。它的优点是非侵入式，对生产影响最小，缺点是难以适配多种协议，无法定位问题代码等。

应用服务器端代理：通过在应用代码中埋点来实现性能监控 BCI（ByteCode Instrumentation）技术。优点是可以实现代码级的监控；缺点是它是侵入式的，对性能有轻微影响。

（5）业务运营数据

业务运营数据是指能够反映业务运营状况的数据，通常可以从性能管理工具的应用埋点与网络报文、业务日志和业务系统数据库中获得。随着企业数字化转型的推进，运维的角色需要从面向业务服务连续性保障的基础向 IT 运营转型，运维需要加强对业务系统架构和逻辑的理解，并利用业务运营数据向外输出能力。比如，通过对业务运营数据的分析，运维可以为业务运营提供数据支撑，从系统获得用户行为的位置、终端设备、操作响应、节点耗时、App 运行状况、注册用户数、交易客户数、交易次数、登录数等数据，在业务系统重要业务推广、功能上线等过程中提供相关的实时运营看板。

从技术实现的角度，由于业务运营数据存在与业务系统相关，依赖研发支持，不同系统的格式不统一等问题，企业通常会建立运维数据中台，实现不同源端数据的实时、在线、离线采集，并为运维人员提供低代码、可编排的数据开发能力，方便运维快速加工数据，制作数据看板。

（6）配置管理（CMDB）

2001 年，CMDB 最早在 ITIL V2 中进行定义：是与 IT 系统所有组件相关的信息库，它包括 IT 基础架构配置项的详细信息。配置管理数据包括三类核心内容，分别是配置项、配置项关系以及配置项／关系的变更记录。IT 管理服务涉及的所有元素在 CMDB 中称为配置项（Configuration Item，CI），如软件、硬件、文档、变更请求、服务、基础设施、应用系统、协议等。配置项关系包含配置项全生命周期的信息以及配置项之间的各种关联信息，而配置项／关系的变更记录包含在生命周期范围内被管理对象的变更情况，是事后审计与故障诊断的重要依据。作为 IT 管理的核心，CMDB 自诞生起就备受用户关注，CMDB 也从最初的 IT 资源线上化、平台化互联互通的桥梁，到现在的业务配置。现在，随着企业数字化转型与 AIOps 的发展，CMDB 将成为运维数字世界的元数据库，承担运维数字地图的角色。

CMDB 的数据主要包括配置项 CI 与关系数据。配置项数据主要包括基础设施、网络、服务器、存储、主机、操作系统、应用系统和应用相关的属性数据。关系数据主要包括纵向与横向关系，纵向关系主要指基础设施、网络、服务器、主机、操作系统和应用系统的依赖关系，横向关系主要指在应用系统、应用在业务动作过程中涉及的上下游调用关系以及链路关系。

（7）运维知识数据

从运维角度看知识，运维知识可定义为"人或机器对运维协同对象之间联系的描述"，这种"描述"也是一种运维数据，它蕴含了在什么场景下，有什么数据，之间是什么关系，如何使用内容，有什么人或机器等内容，并具备沉淀、传播、扩展等特点。比如，日志数据不能称为知识，因为日志是一个孤立的对象；将日志根据特定规则加工成指标，也不能称为知识，因为指标只是对某个对象的量化表现；将某个指标运用在某个故障处置过程中，提升应急定位效率，指标与故障处置的场景产生了联系，这种联系的描述可以沉淀下来提升下一次故障处理的效率。

运维知识描述了大量运维领域相关对象的定义、技巧以及排障 / 解决经验的有用信息。运维知识图谱是把运维对象不同种类的信息连接在一起而得到的关系网络，是对运维数据进行表达的关键技术。通过构建运维知识图谱，从海量数据中自动挖掘各类运维主体，并对其特性进行画像和结构化描述，动态记录运维主体之间的关联关系。基于运维知识图谱，利用自然语义等算法技术，可以帮助 IT 人员实现故障链传播分析、根因定位、智能变更影响分析、故障预测等多种 AIOps 场景。知识图谱提供了从"关系"的角度去分析问题的能力，与专家系统的区别是，专家系统一般来说是基于规则的，其知识更多的是人工构建的，而知识图谱可以作为专家系统的一部分，提供半自动构建知识库的方法。构建运维知识图谱的流程主要可以分为知识获取、知识融合、知识验证、知识计算、知识应用等步骤。

（8）运维流程数据

运维流程规范了运维具体工作的执行顺序，是提升运维标准化、规范化、专业化的保障，而基于流程的持续优化是提升运维效能的保障。通常，流程是有规律的行动，这些行动以确定性的方式执行，能产生特定的结果。流程这种增强确定性的特点与以业务连续性保障为底线的运维组织十分契合，所以二十年前的 ITIL 流程管理理念对于现在的运维组织仍广泛受用。但运维流程不仅仅是 ITIL 提出的事件、问题、变更、发布等，运维过程中可以说处处都是流程。

流程管理大师哈默和钱皮认为流程是指成组的、相互联系的、为客户创造价值的活动。《牛津英语词典》对流程的解释是"流程是指一个或一系列连续、有规律的行动，这些行动以确定的方式发生或执行，并导致特定的实现"。从这两个定义看，在运维工作过程中，有目标与达成目标的行为，并抽取出协同关系，有执行顺序的都可以认为是流程。图 3-2 所示为运维涉及的流程，上面深色块是大部分运维组织都建立起的流程管理，这些流程在 ITIL、ITSS、ISO20000 都有一些参考的最佳实践，容易"抽取出协同关系，并有执行顺序"。通常结合这些最佳实践，在组织内制定相应的流程制度或

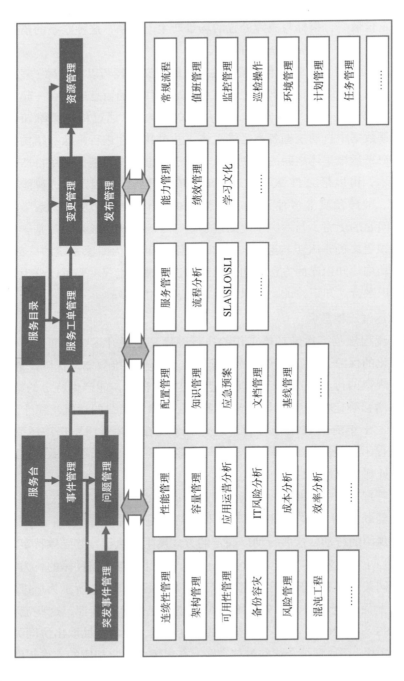

图 3-2 运维流程及运维场景

规范，对最佳实践进行精简适配，再结合系统自动化、线上化整合，能较快落地。而图中白色块的工作事项通常更多的是作为任务事项，很多组织缺乏抽取关系和标准化执行顺序。虽然上面的工作事项中，每个组织或多或少会沉淀下一些工作"套路"，但这些"套路"很多只是存在于部分人的头脑中，这就很容易出现同一个工作任务不同的人会产生不同的输出，而且沟通成本高。运维组织有必要重新思考日常习以为然的工作，以流程化的思维将这些工作进行标准化分解，采用先僵化、后优化、再固化的思路推动流程线上化和自动化，并借助线上化沉淀数据的运营分析经验，达到流程的持续优化。

3.1.4　运维数据载体抽象数据处理技术

不同的运维数据形式，在数据量、数据格式、数据访问频率、消费分析场景等方面各有不同，需要不同的数据载体，这里梳理了 8 种数据载体，包括关系型数据库、时序数据库、内存数据库、ElasticSearch、消息队列、文件、图数据库和流式数据库。理解运维数据载体，才能更好地发挥不同数据存储与计算引擎的特性，更好地支持数据加工、计算、处理、消费等应用场景。

（1）关系型数据库

关系型数据库在传统数据管理中应用最为广泛，且为实现技术最为成熟的数据管理技术，适合复杂查询、支持事务、存储经常修改和有复杂查询关系的数据。关系型数据库具备一些优点，比如由于具备较严格的事务处理要求，能够保持比较高的数据一致性；具备更规范化、普遍性的数据库设计标准理论，数据冗余较低，数据更新开销较小；数据 SQL、存储过程等技术完善，具备处理复杂数据的查询能力；成熟度高，稳定性高，软件缺陷少；关系型数据周边的数据处理、清洗、转换、可视化等工具配套成熟。

在运维数据应用的过程中，我们通常会使用 Oracle、DB2、SQL Server、PostgreSQL、MySQL 等关系型数据库，主要包括两个方面：一是对现有应用系统的数据采集，比如业务运营数据涉及的运营流水、状态、时间等信息的采集，以及对业务订单、营销活动、客户体验等运营数据的分析；二是运维平台涉及的数据库，比如告警、IT 服务、指标等数据。

（2）时序数据库

时序数据库全称为时间序列数据库。时间序列数据库是指主要用于处理带时间标签（按照时间顺序变化，即时间序列化）的数据，带时间标签的数据也称为时间序列数据，适合处理带时间标签的数据，比如物联网数据、运维监控数据等。Prometheus 和 InfluxDB 是运维应用中经常使用的解决方案。其中，InfluxDB 为开源的非集群方式，主要用来写入和查询数据，如果要用集群版需要购买商业化版本，可以提供类 SQL 的查询引擎，在监控性能指标领域广泛运用；Prometheus 则提供了一整套的监控体系，包括数据的采集、存储、报警等，基本成为当前云原生架构配套的解决方案。时序数据通常不会有更新操作，随着时间增长，根据维度取值，支持持续高并发写入，写入量平稳，且一般都是查询最近产生的数据，很少查询过期的数据。由于运维数据以及数据应用场景主要以实时分析数据为主，时序数据库的上述特征很适合相关场景，在运维的数据化方面应用广泛。

（3）内存数据库

内存数据库是指将全部内容存放在内存中，而非传统数据库那样存放在外部存储器中的数据库。内存数据库的所有数据访问控制都在内存中进行，这是与磁盘数据库相对而言的，磁盘数据库虽然也有一定的缓存机制，但都不能避免从外设到内存的交换，而这种交换过程对性能的损耗是致命的。而数据放在内存中，读写效率高，可以满足数据实时性要求。在应用过程中，我们通常会用到 Redis 等，主要应用在应用处理过程中以提升性能。

（4）消息队列

消息队列是基于队列与消息的传递技术，在网络环境中为应用系统提供同步或异步、可靠的消息传输支撑性软件系统。消息队列利用高效可靠的消息传递机制进行与平台无关的数据交流，并基于数据通信进行分布式系统的集成。通过提供消息传递和消息排队模型，可以在分布式环境下扩展进程间的通信。用户数据发送时，数据解耦，比如将大量的时序指标数据从客户侧发送到平台进行处理和存储。在运维领域，最常用的消息队列是 Kafka。

Kafka 是一种高吞吐量的分布式发布订阅消息系统，每秒可以处理几十万条消息，集群支持热扩展与数千个客户端同时读写，而且与其他消息队列不同，消息被持久化到本地磁盘，并支持数据备份防止数据丢失。在使用中，如在运维数据平台中，会在数据采集与数据存储之间增加一个 Kafka 集群；在日志收集中，可以用 Kafka 收集各种服务的日志，通过 Kafka 以统一接口服务的方式对外开放。Kafka 还可用于记录运营监控数据，包括收集各种分布式应用的数据，以及生产中各种操作的集中反馈，比如报警和报告等。

（5）ElasticSearch

ElasticSearch（以下简称 ES）是基于 Lucene 的开源搜索服务，为开源分布式搜索引擎，提供搜集、分析和存储数据三大功能。它的特点包括分布式、零配置、自动发现、索引自动分片、索引副本机制、Restful 风格接口、多数据源、自动搜索负载等。ES 被广泛使用并且不仅仅建立在全文搜索引擎 Apache Lucene 上，还包括分布式实时文件存储，实时分析的分布式搜索引擎，支持扩展到上百台服务器，可以处理 PB 级别的结构化或非结构化数据。在运维领域，ES 主要用于日志数据存储，比如 ELK 的解决方案被广泛应用于日志平台。ELK 是三个开源软件的缩写，分别表示 ES、Logstash 和 Kibana。其中，Logstash 从许多来源接收日志，比如 syslog、消息传递、JMX 等，并以多种方式输出数据；Kibana 是基于 Web 的图形界面，用于搜索、分析和可视化存储在 ElasticSearch 指标中的日志数据。用户可以利用 ElasticSearch 的 REST 接口来检索数据，并创建自己的数据定制仪表板视图，或以特殊的方式查询和过滤数据。Kibana 可以为 Logstash 和 ElasticSearch 提供友好的日志分析 Web 界面，支持汇总、分析和搜索重要数据日志。

（6）文件

分布式文件系统是指文件系统管理的物理存储资源不一定直接连接在本地节点上，而是可以通过计算机网络与节点相连，或是若干不同的逻辑磁盘分区或卷标组合在一起而形成的完整的有层次的文件系统。分布式文件系统为分布在网络上任意位置的资源提供一个逻辑上的树形文件系统结构，从而使用户访问分布在网络上的共享文件更加简便。在应用过程中，我们通常会用到 HDFS 或一些商业的分布式文档数据库等，通常用于离线数据的存储。

（7）图数据库

图数据库是 NoSQL 数据库的一种类型，是一种非关系型数据库，它应用图形理论存储实体之间的关系信息，最常见的例子就是社会网络中人与人之间的关系。关系型数据库用于存储"关系型"数据的效果并不好，其查询复杂、缓慢，超出预期，而图数据库的独特设计恰恰弥补了这个缺陷。所以，图数据库适合存储有复杂关系的数据，例如数据血缘、知识图谱、对象拓扑关系等，通常用于存储和处理 CMDB、知识图谱等类型的数据。

（8）流式数据库

面对实时数据流的存储和处理，我们需要一个专门为流式数据设计的数据库系统，称之为流式数据库（Streaming Database）。不同于其他数据库系统将静态的数据集（表或文档等）作为基本的存储和处理单元，流式数据库是以动态的连续数据流作为基本对象，以实时性作为主要特征的数据库。

3.2 运维数据资产化之路

3.2.1 面临的问题

与组织内部的大数据应用面临的数据质量问题一样，运维也面临着类似的普遍性问题与运维领域性问题。

（1）数据普遍性问题

- 数据孤岛，有数据不能用。存在数据孤岛的原因可能是掌握数据的人主观上不愿意共享，客观上担心数据共享存在敏感性问题，数据与数据的关联性不够导致不能有效连接等。
- 数据质量不高，有数据不好用。没有统一的数据标准导致数据难以集成和统一，没有质量控制导致海量数据因质量过低而难以被利用，而且没有能有效管理整个大数据平台的管理流程。

- 数据不可知，有数据不会用。不知道数据平台中有哪些数据，不知道这些数据和业务的关系是什么，也不知道平台中有没有能解决自己所面临业务问题的关键数据。
- 数据服务不够，有数据不可取。用户即使知道自己业务所需要的是哪些数据，也不能便捷自助地拿到数据；相反，获取数据需要很长的开发过程，导致业务分析的需求难以快速满足，而在数字时代，业务追求的是针对某个业务问题的快速分析。

（2）运维领域性问题

在运维领域，运维数据分布在大量的机器、软件和"监管控析"工具上，除了上面大数据领域提到的数据孤岛、数据质量不高、数据不可知和数据服务不够的痛点外，运维数据还存在以下突出问题：

- 资源投入不够。从组织的定位看，运维属于企业后台中的后台部门，运维工作很难让 IT 条线的产品、项目、开发明白系统架构越来越复杂、迭代频率越来越高、外部环境越来越严峻等需要持续性的运维投入，更不用说让 IT 条线以外的部门理解运维资源投入通常是不够的了。所以，运维数据体系建设要强调投入产出比，在有限的资源投入下，收获更多的数据价值。
- 数据标准化比例低。运维数据主要包括监控、日志、性能、配置、流程、应用运行数据。除了统一监控报警、配置、机器日志、ITIL 里的几大流程的数据格式有相关标准外，其他数据存在格式众多、非结构化、实时性要求高、海量数据、采集方式复杂等特点。可以说运维源数据天生就是非标准的，要在"资源投入不够"的背景下，采用业务大数据的运作模式比较困难。
- 缺乏成熟的方法。虽然行业也提出了 ITOA、DataOps、AIOps 等运维数据分析应用的思路，但是缺少一些成熟、全面的数据建模、分析、应用的方法，主流的运维数据方案目前主要围绕监控和应急领域探索。
- 缺乏人才。如"资源投入不够"这点提到的背景，因为投入不足，很难吸引到足够的人才投入到运维数据分析领域。

3.2.2　运维数据资产化

1. 运维数据资产恰逢其时

中共十九届四中全会审议通过了《中共中央关于坚持和完善中国特色社会主义制度、推进国家治理体系和治理能力现代化若干重大问题的决定》，该决定指出，健全劳动、资本、土地、知识、技术、管理、数据等生产要素由市场评价贡献、按贡献决定报酬的机制。这是中共中央第一次公开提出将数据作为生产要素参与分配，意味着数据从技术中独立出来，作为一种单独的生产要素而存在。这传递了两层含义：一是数据已对国家经济增长产生突出贡献，提升了现有产品和服务的生产效率，并创造了全新的产品和服务；二是数据作为资产参与产出分配与收入分配，背后涉及经济结构的变化，将对行业产生颠覆性的作用。

2."点、线、面、体"的数据资产化方法

当前的运维数字世界并不完善，需要用数字化思维重塑为新的运维数字世界。一个理想的运维数字世界，应该具备"点、线、面、体"的结构。如图 3-3 所示，"点"是运维组织内的人，与运维组织相关联的外部组织的人，以及前面提到的运维对象，这些人与运维对象都要能够用数字化的方式描述。"点"与"点"之间需要通过运维交付价值的"线"串联起来，运维交付价值通过运维流程及场景的方式描述，这就需要描述运维对象的元数据和运维场景下对象之间的关系数据。众多的"线"整合在一起就形成了企业运维数字世界的"面"，需要从数字化运维体系的组织、流程、平台和场景的整体角度组织好这个"面"。随着企业与外部企业或机构之间的关系越来越多，企业内的运维组织与外面的连接也越来越多，运维应该站在生态的角度，融入生态，面与面之间连接起来就形成了三维的"体"。

很多企业的运维数字化体系中已经用数字化方式描述了很多"点"，但要将"点"串成"线"，甚至是形成"面"与"体"，运维数据的准确性、完整性、规范性、实时性等仍受挑战，这将影响运维数字世界的可靠性。运维数据的升华围绕运维数字世界的"点、线、面、体"而来。

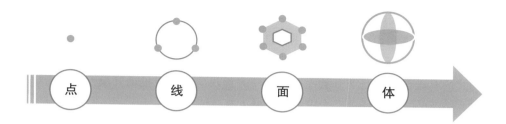

运维部门内部的运维角色、研发、业务部门、第三方等，以及一切以软件形式存在的信息系统，这些角色就是运维数字世界的"点"	"点"要高效动作起来，形成点点联动，即用流程、规程、价值链将点串起来形成"线"	多条"线"交织在一起就形成运维组织在数字世界的"面"	行业和企业在开放，企业边界变得模糊，领先的运维组织积极将能力对外输出构建生态，生态就是"体"

图 3-3　运维数据：点、线、面、体

点：指运维对象，包括人、软件、硬件，以及不断抽象归纳的指标、模型等数据。鉴于运维数据分布在监控指标、报警、日志、性能、业务运营、运维知识、CMDB、运维流程等职能工具平台上，在实际应用中通常会将数据进行整合加工，其中与 IT 资源、应用和软件相关的配置数据由 CMDB 整合，与应用相关的数据持续沉淀为指标。

线：指点与点间的连接，应重点围绕运维的价值交付链路。从软件全生命周期的管理看，运维有几条关键的价值交付链路：软件交付价值链路、IT 服务交付价值链路和系统退出价值链路。每条价值链路由多个运维场景组成，场景则由多个点连接而成，每个细化的场景可以认为是一条连接的线。在运维数据治理中，最好由场景驱动数据应用，推动数据治理工作，而非一开始就进行全局的数据治理。

面：围绕"组织、流程、平台"的数字化运维体系。将众多运维场景的线整合在一起就形成一个数字化运维体系的面，这是一个运维组织的数字战略视角，涉及组织的职能、岗位、人才、绩效管理等，流程的标准、规章、规程等，以及平台的基础平台、应用平台、工具平台等。运维数据治理是数字化运维体系的一个基础保障能力项，重点是把运维数据明确为一种资产来看待，采取合适的数据评估、指导、监控等方法进行工作。

体：运维走出企业，建立供应链厂商、第三方机构等之间的生态。可以看到，开放将会是未来的一个趋势，一方面行业政策及监管正在推动行业集约式的基础设施和行业开放平台，另一方面供应商也在推动开放型的平台生态。企业的运维预计也会走出企业，融入开放的生态。

3.3 运维数据平台

要让数据升华为数据资产，需要具备全链路数据的采、存、算、管能力，即需要具备数据采集、数据存储、数据处理和数据分析能力。数据采集是按需在线采集数据的能力；数据存储是根据数据类型和数据应用特点对数据进行归档、整理、传输和共享；数据处理包括数据标注、清洗、建模、加工、标准化、质量监控等；数据分析是为了获得数据洞察、决策、执行能力而对数据进行研究与统计的过程。基于此，运维数据平台应运而生。

运维数据平台需支持多样化的数据存储域管理，包括支持海量结构化数据、半结构化数据和非结构化数据的存储与管理。平台支持对数据采集提供实时监控，并进行一致性检验；支持对主要统计数据资产的现状，按照采集来源、数据类型、使用情况等进行统计分析；支持监控、管理计算资源和存储资源的使用状况；支持根据需要调整资源使用。

从技术能力角度，运维数据平台将以中台的能力建设推进，需要具备统一的数据采控能力、实时与批量的运维大数据处理能力、全域数据的管理能力、智能算法分析能力、IT资源的配置管理能力、统一的指标体系管理能力、数据标准管理能力、数据质量管理能力、数据资产管理能力、数据安全管理能力、数据生命周期管理能力等多项核心能力。

在实施层面，运维组织通常有以下两种不同的实施方式：一是构建集中式的运维数据平台，实现所有运维数据的集中管控，为了让平台更加具备中台涉及的可复用和共享的特性，以支持数据的敏捷应用，通常还会提前按数据的功能属性建立监控数据中心、配置数据中心、性能数据中心等；二是围绕运维指标体系构建运维数据平台，不同的数据分布使用不同的工具系统。

对于资源投入较大的运维组织，可以优先考虑前者，通过前期的统筹以更好地支持后续数据的敏捷应用。对于资源投入小或需要见效快的运维组织，则建议考虑后者数据应用场景驱动的方式，针对性地采集相关数据，并在场景不断落地中，持续沉淀相关运维数据指标。

3.4　小结

- 运维数据全景图可以从数据类型、数据形式和数据载体三个角度对数据进行描述。
- 数据类型描述运维数据能反映的信息，包括生产环境对象及 IT 服务管理两类数据。生产环境承载企业业务运行所需要的硬件与软件，又分为基础设施层、平台软件层、应用系统层和业务及体验层。
- 运维数据通过特定的形式采集、存储和管理，主要包括监控指标数据、报警数据、日志数据、网络报文数据、用户体验数据、业务运营数据、链路关系数据、运维知识数据、CMDB 和运维流程数据。
- 为运维数据选择不同的数据载体，主要包括关系型数据库、时序数据库、内存数据库、文件、图数据库、ElasticSearch、消息队列和流式数据库。
- 建立全链路的数据"采、存、算、管"能力，即需要具备数据采集、数据存储、数据处理和数据分析能力。
- 理想的运维数字世界，应该具备"点、线、面、体"的结构。

|第4章| CHAPTER

运维数字地图：元数据

　　元数据是描述数据的数据，传统意义上的元数据管理是对数据采集、存储、加工和展现等数据全生命周期的描述信息，帮助用户理解数据关系和相关属性。从元数据管理工具的工程角度看，工具通过将分散、存储结构差异大的 IT 资源的对象数据和运维指标描述数据进行描述、定位、检索、评估和分析，提供数据血缘分析、影响分析、全链分析、关联度分析、属性值差异等分析能力，从而大大降低运维数据治理的人工成本。而对业务、系统、网络、安全等领域职能的运维管理员而言，元数据管理通过对业务指标、业务术语、业务规则、业务含义等业务信息进行管控，协助运维人员了解指标含义、行业术语和规则、业务指标取数据口径和影响范围等。

　　本章所提到的运维元数据是站在运维数字世界的角度，是广义元数据视角。

　　数据组成了运维数字世界，要认识运维数字世界点、线、面、体的结构，方便检索和观察运维运行状况，并能追溯和监测数据正确性，需要一个运维数字地图描述运维数字世界，运维数字地图即运维数字世界的元数据。参考现实中的数字地图的地理要素、数学要素和辅助要素，运维数字地图三要素可以理解为运维对象、指标描述和架构模型。运维是企业运营管理部门当中数字化水平较高的组织，已经积累并沉淀了大量数据资产与工具平台，利用现有的工具平台来描述运维数字世界是当前运维元数据管理的一个方向。

所以，笔者建议基于配置管理（CMDB）构建运维对象，基于运维指标体系构建指标描述，基于架构管理和知识图谱构建架构模型。

4.1　认识运维数字世界

4.1.1　运维早已身处数字世界

运维早已身处数字世界，从行业或企业组织架构看，运维是数字化水平较高的领域。一方面，运维领域不缺与数据相关的方法论，无论是二十年前的 ITIL V2 运维最佳实践，或后来的 ITIL V3、ITIL4、ISO20000 和 ITSS 的最佳实践，还是 DevOps、ITOA 和 AIOps 思想或方法论都直接提到了量化绩效及运行指标，持续改进的内容方法论推动了运维线上化与标准化水平，为运维数据沉淀提供基础；另一方面，运维对象是基础设施与硬件资源的机器，以及系统软件和应用软件，需要用数字化手段来描述。同时，由于运维对象复杂性越来越高，运维不断地优化组织架构与能力，线上化流程，持续增加"监、管、控、析"的平台能力，持续提升运维数字化水平，以适配不断复杂的运维环境。运维早已身处运维数字世界中，我们吸收运维方法论，标准化工作流程，用数字化描述着成千上万的机器、软件和业务系统，并部署监控系统、CMDB、日志管理、ITSM、自动化操作等工具来管理运维数字世界。

数智万物下的运维数字世界将会是什么样的呢？

笔者认为运维数字世界将有 4 个特征：**协同连接、数字赋能、平台管理和服务运营**。

点线面体的协同网络。数字世界是相对于物理世界而言的，也就是要用数字思维将当前运维的工作模式重新构建一遍。重新构建并不仅仅是将流程从线下转到线上，或用数字量化组织的能力与绩效，或建一些监、管、控、析类的工具平台，更重要的是关注到传统运维下最重要的连接，连接了才能形成合力，化零为整。IT运维过程中的参与者既包括运维部门内部的业务运维、系统运维、基础运维、网络运维、流程经理、服务台等角色，运维角色广义上还涉及相关的研发、测试、产品、项目，以及业务部门、分支机构、厂商、外包合作方等，以及一切以软件形式存在的信息系统，这些角色都是运维数字世界的"点"。孤立的"点"要高效运作起来，要形成点点联动，即用流程、规程和价值链将"点"串起来形成"线"，即将参与者在线化，产生互动连接。多条"线"交织在一起就形成运维组织在数字世界的"面"。行业、企业在开放，企业边界变得模糊，领先的运维组织积极将能力对外输出构建生态，生态就是"体"，由众多"面"组成。"点线面体"的运维协同，将形成一张数字化的协同网络。协同网络将促进人与人、人与机器、机器与机器等节点间的互动在线化、透明化，能够有效地加强运维的精细化，提升协同效率。

全数字化空间的赋能。企业虽然构建了不少工作工具，但工具间缺乏互联，没有形成协同网络，往往完成一件工作需要在多个系统上切换，甚至有很多工作只能在线下完成，没有留痕记录。结合当前国内外先进的工作方式，比如国外的Slack、Symphony，或国内的钉钉、企业微信和飞书等，都在推动一个全在线的工作平台，将员工工作的工具进行有效整合，形成一个在线的工作平台。在运维数字世界里，需要从数字化工作空间的工具链进行整合分析，形成"支撑管理决策、激活员工参与、打通协同壁垒、装备条线运营"的数字化空间模型。支撑管理决策是管理视角，让管理岗位具备基于数据驱动的"感知、决策、执行"能力。其中，感知能力指察觉IT运维的环境变化，知晓哪些环境情况对关键目标造成影响；决策能力指运用算法对实时或离线感知信息进行运营分析，为管理提供数据决策，包括战略决策与日常决策；执行能力指确保传导机制顺畅，决策有序落地。激活员工参与是员工视角，为员工提供实时在线的工作体验，让员工方便地获取知识与分享信息，为员工提供自动化的工具并将员工从操作性的工作中解放出来，促进员工创新。打通协同壁垒是协同角度，促进IT资源整合，解决当前IT组织协同网络各参与方之间的连接障碍，用更加扁平、透明的方式重塑组织连接。装备条线运营是从各专业线角度出发，为运维人员打造"监管控析"与"智能场景"

等工具，将专业工具融入全在线的工作平台，为员工提供一站式的工作体验。

基于数字的平台化管理。在整个 IT 运营管理中，运维组织的管理更为精细化，传统的运维管理主要靠最佳实践设计组织内部的流程，由组织里多个层面的管理角色进行指导、评估和奖惩激励。以往这些工作主要靠人来做，所以组织人越多，原来的骨干就要做更多协调、沟通性的工作，而不能专注技术本身。外卖和网约车的管理模式，给我们一个可借鉴的平台化管理模式。以外卖为例，平台给骑手派单，并告诉他们应该如何送；消费者来评估骑手的好坏表现；平台又根据消费者的评估，来决定其绩效。在这个闭环中，协同角色被数据定义，平台基于规则或算法，自动化地与协同角色即时沟通。对于原来的管理者而言，他能够洞察员工的关键效能指标，并针对性地辅导；对于员工来说，工作过程更加透明，反馈更加即时。当然，这种平台化管理模式不是管理的全部，是对现有管理的补充，重点是对标准运维工作的管理。

一切皆服务的运营模式。云的自助式体现在所见即所得、按需获取和量化服务成本等特点，这些都已在 IaaS、PaaS 和 DaaS 上得到验证。在 IT 运维数字世界中，XaaS（一切皆服务）是运维组织的一个转型方向，在运维组织内部将 IT 能力标准化，形成服务目录，用户能够像进入电商系统一样，找到自己所需要的 IT 支持服务，并申请服务，在线获得服务反馈，并利用社交化的手段对服务水平进行评价，推动 IT 服务质量的持续提升。无论是以客户为中心的企业整体战略，还是一切皆服务的 IT 服务目录思路，都是以人为本的延伸，利用线上化、自动化的技术提升在线体验质量。

4.1.2　数字地图描述运维数字世界

2021 年 4 月 15 日，华为公布了一个 ADS 辅助驾驶系统的视频，引发热议，这套系统已经具备自行变道、无保护左转等能力。在这段视频中，我们还发现车上有一个与平常不一样的车载高精度地图，依赖高精度地图，自动驾驶系统可以获得绝对位置精度接近 1 米、相对位置精度在厘米级别的导航能力。准确和全面的地表征道路特征以及高度的实时性，是高精度地图最显著的特征。数字化地图不仅在导航领域不可或缺，事实上它已经融入了我们身边的方方面面，美团、微信和支付宝等各类 App 无不将商业与地图紧密绑定——数字地图已经是数字世界的基座。

数字地图的成就得益于持续精确的地图数据。几百年前，为了减少外来人对冰岛的侵夺，人们将绿意与鲜花盎然的冰岛命名为"冰之岛"，而将冰天雪地的格陵兰岛命名为"绿色之地"，可见当时地图数据是由人类主观所为，并不完美。随着现代技术的发展，主流的地图制作已从手绘测量，向多样化摄像技术，以及基于三角测量的卫星测量等技术演进。地图服务商还在不断地将地图的内容进行细化，力争描绘出一个更为精确且实时的电子地图。这一点，可以从 Google Map 一位技术副总裁的描述中看到，"Google Map 建立了一个数字化、触手可及且即时更新的数字地图集，上面包罗的不仅是传统地图（城市、地理特征、统计数据），还有每一条路、每一辆车，甚至还有建筑里的内容，让虚拟卢浮宫游览成为可能。"同时，通过建立数字地图的相关标准，建立分工模式，更多的地图服务商进入数字地图领域，而数字地图的消费企业及个人在平台持续反馈，让整个数字地图生态形成了闭环，最终推动地图数据越来越精准。

数字地图的发展是地图"数据治理"的过程。在地图数据治理过程中，目标是获得更加精准的道路、楼房和商铺等信息资产。通过建立行业标准，地图绘制商、地图消费企业和个人用户更加顺畅地分工协作。不同企业根据业务的发展，积极布局地图建设，比如 BAT、华为在无人驾驶领域的高精度地图的规划、实施、设计和应用在多年前就已开始。地图数据的准确，需要平台提供数据采集、存储、计算、建模、消费、反馈等能力。

运维组织规模较小时，运维流程与协同可以通过线下沟通解决，遗憾的是，随着内外部环境复杂度越来越高，线下协同的方式无法适应当前面临的挑战。运维数字世界的构建就是为了应对人员数量、系统数量、主机数量、服务数量和数据量越来越大，架构链路与沟通关系越来越复杂的挑战，结合上面提到的"协同连接、数字赋能、平台管理、服务运营"特征，运维数字世界状态可描述为：

- 运维协作的各个参与方都有对应的数字化对象；

- 运维协同流程和规程工作全部线上化，交付方式服务化；
- 机器、系统、客户体验运行状况与运营效能指标化，指标可量化、可监测、可追踪。

在构建上述运维数字世界时，运维组织通常会遇到"可检索、可观察、可追溯、可监测"的问题，比如：

- 不知道能获得哪些运行数据，大到有多少基础设施，小到某个业务服务状态，以及某个重要客户的体验；
- 只看到数据结果，不知道数据背后的逻辑是什么，或对数据结果有异议却无法快速响应数据问题，导致对数据有疑虑；
- 数据持续采集、计算和存储，但是多个环节都可能导致数据异常，如何对数据处理过程进行监控管理是难题。

这样的问题在我们的生活中也会遇到，比如周末出去吃饭。十几年前，人们通常靠自己的经验或口口相传的方式来引导我们获得信息，那时人们主要生活在一个已知的世界。如今，人们生活水平得到显著提升，社会为我们提供越来越丰富的选择，人们需要在未知的世界中找到最佳的选择，包括适合口味的餐厅，餐厅在哪个位置，如何到达等。很明显，我们会用数字地图或在整合了数字地图的生活应用中获得答案。本质上，数字地图是应对社会信息丰富多样化的发展需要，通过数字技术，提供在线的修改、检索和传输信息的数据处理方式，要理解数字地图，我们可以参考数字地图的三要素进行分析：**地理要素、辅助要素和数学要素**。

- 地理要素包括自然地理、社会形式和其他要素，比如水系（河流、湖泊、水库和沟渠）、地貌（陆地和海底）、植被（天然和人工）、居民楼房、交通运输网等，地理要素对应实体对象；
- 辅助要素包括地图的外图廓、图名、接图表、图例、坡度尺、三北方向、图解和文字比例尺、编图单位、编图时间和依据等，用来说明地图的内容；
- 数学要素包括坐标网、控制点、比例尺、方向等，用来描述地图。

运维数字世界也需要一个运维数字地图来描述。生活中的数字地图基于地理位置信息，实现"找目的地"和"去目的地"的核心功能，并在核心功能之上，根据消费场景对位置信息不断加深，以扩展消费场景。考虑到成本、投入、见效等因素，运维数字地图的核心能力应聚焦在 IT 资源与运维指标数据的管理。IT 资源包括硬件、软件、业务、人、经验等对象数据，运维指标数据即前面提到的生产环境与 IT 运营管理的数据。

4.1.3　运维元数据模型

数字地图的地理要素、辅助要素和数学要素三要素可以对应运维数字地图的运维对象、运维指标和架构模型。元数据通常定义为"描述数据的数据"。运维数字地图描述运维数字世界的作用与运维元数据描述运维数据的作用一致，运维元数据是运维数字地图在数据层面的表达方式，我们抽象了运维元数据模型，即描述"运维对象、运维指标和架构模型"的数据。

1. 运维对象是运维数字地图参与的实体对象。描述运维对象的数据，比如运维组织，以及基础设施、计算资源、平台软件、软件系统和应用服务，这类运维元数据归为运维管理元数据；

2. 运维指标是运维数字世界的非实体节点。描述运维指标生命周期的数据，比如描述运维指标是什么、作用是什么、指标的 owner、指标安全等级等业务元数据，指标的血缘关系、指标的表与字段、指标数据格式等技术元数据，以及指标数据调度频率、访问记录等操作元数据。

3. 架构模型即为运维对象的关系。运维对象之间的关系主要包括三种：一是纵向关系，比如 IDC 机房、网络、机柜、服务器、存储、操作系统、系统软件、平台软件、应用软件、应用、服务、进程等关系；二是横向关系，比如围绕业务或应用为中心的调用链和上下游依赖关系；三是知识，是人与机器、软件的关系，与场景相关。

解决"运维对象、运维指标和架构模型"的元数据，不仅要管理这类数据，还要解决这些数据的采集、存储、监控和消费闭环的能力问题。通过多年的数字化运维体系建设，很多组织都建立了"监、管、控、析"的平台化解决方案，我们认为从可行性、成本、落地等角度看，应该在现有技术平台上思考运维元数据，而不应该引入一个通用元数据管理方案。从实现上，

CMDB 需要承担描述运维数据对象和关系的管理元数据的角色，运维指标体系需要承担描述运维指标数据的职能。

4.2　元数据描述运维对象

4.2.1　运维对象是运维数字世界的基本原材料

运维对象是运维数字世界的基本原材料，运维元数据管理首先需要描述运维数字世界的对象。实体对象相当于数字地图中的高山、湖泊、城市、道路、区域、楼房，以及具备地理信息系统（Geographic Information System，GIS）定位的人或汽车等对象信息，这些信息是组成数字地图的基础，是对物理世界的基本的描述。有了这些基本对象的描述，才能在这之上构建衣、食、住、行的场景。要理解运维对象，需要先回顾一下对象的内涵。在软件开发领域，面向对象（Object Oriented，OO）的思想对软件开发相当重要，它的概念和应用甚至已经超越了程序设计和软件开发，扩展到如数据库系统、交互式界面、应用结构、应用平台、分布式系统、网络管理结构、人工智能等领域。面向对象是一种对现实世界进行理解和抽象的方法，是计算机编程技术发展到一定阶段后的产物。

在面向对象的软件开发中，首先考虑在这个问题域或者程序里面应该具有哪些对象，并从现实世界中客观存在的事物出发来构造软件系统，并在系统的构造中尽可能运用人类自然思维的方式。对象由属性和操作组成，对象按属性进行分类，对象之间通过消息连接。

回到运维数字地图，在构建运维数字世界的过程中，需要让运维协作的各个参与方都有对应的数字化对象，并将对象的属性、操作和关系记录下来。运维涉及的对象主要包括硬件、软件、业务、人和经验。其中，硬件主要围绕基础设施、网络设备、计算资源设备、存储设备等；软件包括平台软件与应用软件，平台软件主要指虚拟化、容器平台、数据库、操作系统等商业套件，应用软件主要指在企业运行的生产信息系统；业务泛指应用架构、逻辑、数据、客户体验等信息；人泛指 IT 内部的运维、测试、开发、项目管理等，以及业务部门、供应商等角色，还包括智能化或自动化机器人；经验主要指流程或日常操作规程。

4.2.2　CMDB 描述运维对象

运维数字世界是一个复杂的环境，运维数字世界的元数据就是运维数字地图，这张地图包括海量的运维对象、人、对象之间的横向和纵向关系，以及运维对象在各种运维场景中与人、流程、工具之间的协同关系等场景知识信息。从运维平台架构看，CMDB 承担了描述运维对象的职能，CMDB 是 IT 资源（设备、组件和系统）及其关系的数学抽象，是 IT 资源的"高德地图"，是 IT 运维及 IT 运营的数字基石，是开展运维工作的底层支撑，是运维数据治理的容器和载体。幸运的是，我们不是从零开始，运维组织经过多年的发展，已经通过 CMDB 建立了这张数字地图的一些要素。我们可以从 CMDB 的发展过程来看看 CMDB 对于运维元数据管理的价值，以及 CMDB 下一步的建设思路。

- CMDB1.0 实现 IT 资源的电子化管理。2001 年，CMDB 出现在 ITIL V2.0 中，定义配置管理数据库是与 IT 系统所有组件相关的信息库，它包含 IT 基础架构配置项的详细信息。CMDB 的发展与运维的发展息息相关，近几年，运维组织从手工操作式运维，向平台运维、IT 运营的方式演进，CMDB 也伴随着运维组织演进。接下来，2001 年到 2008 年，出现了以配置信息电子化为特征的 CMDB1.0。随着以 BMC、IBM、CA、HP 为代表的传统软件巨头在自家的 ITIL 相关产品中推出第一代 CMDB 管理产品和解决方案，CMDB 逐渐在国内得到应用及实施。然而，由于企业对 CMDB 的理解不深及技术局限，CMDB 沦为侧重于配置（资产）管理和数据查询的工具，注重配置信息的电子化，往往表现为设备台账、清单和报表，代替原来电子表格管理配置的过程。在这个阶段，CMDB 已经管理了运维组织涉及的各种对象，包括生产环境涉及的基础设施、平台软件、应用系统，以及 IT 运营管理涉及的角色、人员、所属组织等。

- CMDB2.0 促进技术平台化管理互通。2008 年开始，以银行和运营商为代表的企业开始侧重于 CMDB 与其他流程的协同以及故障、变更影响分析等诊断场景，由于场景驱动推动了 CMDB 配置数据范围的扩展，所以，出现了以数据管理闭环为特征的 CMDB2.0。由于场景与实际运维工作息息相关，需要保证配置数据的准确性与配置保鲜，就驱动了配置自动化发现技术的发展与配置流程管理的建设。所以，在这个阶段，CMDB 重点围绕标准化、数据建模、配置自发现、配置流程整合、配置数据运营等方式建设。CMDB 的理念也开始深入人心，运维领域不同条线都有意识地建设配置管理，也就出现了应用系统层面的配置管理、网络层面的配置管理、硬件服务器层面的配置管理等，企业内多个配置管理实现了互联互通。
- CMDB3.0 紧扣业务价值。大约从 2017 年开始，随着领先企业的运维组织开始从技术保障到技术运营转变，运维更多地考虑到业务价值，CMDB 的角色也发生变化。此时，运维对象在深度和广度上都发生了变化，即伴随着互联网、运营商、金融等行业技术架构的快速演变，运维组织价值的广度与深度都发生了变化。在广度上，从单一的业务连续保障价值，增加了加快 IT 交付、提升客户体验和提高 IT 服务质量的价值。在深度上，以业务连续性保障为例，原来主要围绕服务可用性，现在需要深入到逻辑正确性、数据准确性上。从运维对象数据看，需要在原有围绕 IT 资源为主的 CMDB 上扩展，向上扩展到应用、业务和客户体验，比如将应用的进程、服务、功能、组件、程序、版本、端口、配置、参数、证书、用户、节假日、关键指标等配置对象纳管，在横向上将对象之间的部署、链路和上下游关系配置化。此时，就出现了以业务为中心的 CMDB3.0。CMDB3.0 以各种业务运维场景驱动，梳理和分析运维对象及关系，从物理层、逻辑层、应用层、业务层分层构建模型，既能支撑企业 IT 管理的重点从面向资源转移为面向业务，也能实现企业对 CMDB 的期望：更全面的管理运维对象，实现"资源视角＋应用视角"的数据源管理，具备模型扩展、流程引擎、在线采集、智能校验、关系构建等能力；以场景为驱动，基于对象与关系的结合，赋能业务影响分析、故障根源定位、容量管理、业务连续性管理及可用性管理；走出运维，将 CMDB 作为企业数字化运营管理中业务与 IT 运营之间的纽带。

- CMDB4.0 是描述运维数字世界的数字地图。以业务为中心的 CMDB 之后是什么呢？笔者认为应该是在现有运维对象与对象关系管理的基础上，增强运维知识的管理能力，也就是说下一代 CMDB 应该类似于运维数字世界中的数字地图。这和我们的生活体验类似，以周末出去吃饭为例，十几年前，人们通常靠自己的经验或口口相传的方式来引导我们获得信息，那时，人们主要生活在一个已知的世界。今天，国家快速发展，人们生活水平得到长足的提升，社会为我们提供越来越丰富的选择，人们需要在未知的世界中找到最佳的选择，包括适合口味的馆子，馆子在哪个位置，以及如何到达目的地。很明显，你会用到数字地图，或在整合了数字地图的生活应用中获得答案。本质上，数字地图是应对社会信息丰富多样化的发展需要，通过数字技术提供的信息更加准确，并提供在线修改、检索和传输信息，数字地图已成为描述数字世界的关键手段。数字地图解决的是运维数字世界的复杂性问题，运维数字地图协助支撑运维数字世界中的运维协同流程、规程工作全线上化，交付方式服务化，机器、系统、客户体验运行状况与运营效能指标化，以及指标可量化、可监测、可追踪，这中间如何将运维对象、关系和人的知识关联在一起是 CMDB4.0 的关键。

从上面的演进我们可以看到，CMDB 已经管理了运维组织涉及的各种对象，包括生产环境涉及的基础设施、平台软件、应用系统，以及 IT 运营管理涉及的角色、人员、所属组织等各类对象数据都纳入了 CMDB 的管理。基于 CMDB 的管理扩展为下一步运维元数据对象管理提供了自然且低成本的解决方案。

4.2.3　元数据赋予 CMDB 步入新的阶段

数字时代，运维对象在深度和广度上都发生了变化。伴随着互联网、运营商、金融等行业技术架构的快速演变，运维组织价值的广度与深度都发生了变化。在广度上，从单一的业务连续保障价值，增加了加快 IT 交付、提升客户体验和提高 IT 服务质量的价值。在深度上，以业务连续性保障为例，原来主要围绕服务可用性，现在需要深入到逻辑正确性、数据准确性上。从运维元数据全局的对象数据看，需要在原有围绕 IT 资源为主的 CMDB 之上进行扩展，向上扩展到应用、业务和客户体验，比如将应用的进程、服务、组件、程序、端口、配置、参数、证书、节假日等配置对象纳管，在横向上要将对象之间的关系链路配置化。

　　从业务的角度扩展 CMDB，要以各种业务运维场景驱动，梳理和分析运维对象及关系，从物理层、逻辑层和应用层几个方面分层构建模型。通过该模型中所定义的配置项及关系，帮助运维团队快速了解整体应用资源对象和拓扑关系，提升变更发布、故障分析等运维工作效能，保障业务系统的高可用性。CMDB 解决方案既要支撑组织 IT 管理的重点从面向资源转移为面向业务，又要实现组织对 CMDB 的期望：以 CMDB 为元数据管理基础，管理所有运维对象；以场景为驱动，实现业务影响分析、故障根源定位、容量管理、业务连续性管理及可用性管理；以 CMDB 为基础，实现"资源视角 +应用视角"的数据源管理，具备模型自建、流程引擎、离线采集、智能校验、增量发布、字段级审计等能力。CMDB 解决方案的典型特点如下：

- 数据消费场景先行；
- 纵向互通，横向互联；
- 以应用为中心；
- 强调选取合理的管理颗粒度；
- 强调集中集成；
- 强调数据消费的外延扩展；
- 自动采集技术的深化应用；
- 以图边和图节点表现关系模型。

　　为了提升运维价值创造，CMDB 需要以业务为中心，实现数据生命周期管理，驱动配置数据更新，才能适配当前运维元数据对于对象的描述，即定义配置项从技术及业务生产、运营到消亡的整个生命周期，建立围绕业务的配置图谱，通过设计与之匹配的技术手段（流程、稽核、采集与比对）驱动生命周期状态流转，实现数据闭环管理，更新配置模板，以保证配置模型的完整性。CMDB 不仅是运维独立使用的平台，还是企业 IT 建设的重要模型。作为描述运维数字世界的地图，CMDB 不仅仅是平台互联互通的桥梁，其本身也是一个重要的应用数据。CMDB 平台化已经进入了 CMDB 业务中心，领先的企业在 AIOps 和数据治理赋能下，CMDB 将进入智能知识图谱方面的建设。

CMDB 在技术层面将呈现以下方向：

- 覆盖更全面的运维对象，多层多级的拓扑关系，对象及关系数据自发现，支持低代码的配置建模，支持快速变化的应用迭代、开源组件、云原生架构和信息创新带来的基础设施等变化；
- 以业务为中心，从软件全生命周期 SDLC 角度，增强 CMDB 的业务配置管理能力，并关联软件交付过程的配置信息；
- 通过标准化，将配置基础数据及关联关系数据标识、建模和纳管，将集中集成的数据源统一输出，并提供运维作业场景进行数据消费；
- 建立 CMDB 数据治理，监测、发现配置数据质量，实现配置流动全生命周期的数据运营管理；
- 从离线处理到实时在线，过去的 CMDB 所支持的 IT 服务无法实时反映线上资源的状态变化，需要解决数据采集、配置发现、数据消费的实时性；
- 基于"对象、关系、场景"构建运维知识图谱模型，为下一代运维数字地图提供基础。

4.3 元数据描述运维指标

4.3.1 运维指标的构建目的

指标是对事物或业务规模、程度、比例、结构等进行的量化度量（Measure），对应的英文为 Metric 或 Indicator。指标往往是在度量的基础上加工和计算得到的。例如，"客户获取成本"作为一个指标，它通过"给定时间段内的所有营销和销售成本"和"同一时间段内获得的客户数量"这两个度量相除得出。相关的常用术语还有关键指标（Key Metrics）和关键绩效指标（Key Performance Indicator，KPI）。顾名思义，关键指标是指具有关键作用或地位的指标。关键绩效指标是指用于衡量绩效完成情况的关键指标。在有关的英文文献或报告中，KPI 和 Key Metrics 经常组合在一起来谈，即 Key Metrics and KPI。

在运维领域，指标的作用是对运维进行导向和控制，使其不偏离原定的价值创造方向。比如，运维领域的资源消耗、容量、性能等指标会用于业务连续性保障价值的系统监控，可用性指标会用于引导运营效能的持续优化，耗时、功能报错数指标会用于推动客户体验的评估与优化。指标的应用，需要将指标融入实际的业务场景中，发挥指标在数据感知和决策方面的能力。为了让 IT 运维指标回归"对运维发展的导向和控制"的目的，运维指标必须以运维组织的价值创造为引导，以运维场景驱动进行设计。

指标是运维数据资产的重点表现形式。运维指标可以借鉴运维数据资产的分类，从基础设施、平台软件、应用系统、客户体验和运营流程五个层面设计运维指标，将运维数据指标化，达到可度量、可监测、可共享、可复用的效果。运维的线上化、数字化、智能化都可以依托在指标上，构建实际的运维或运营场景。

4.3.2　运维指标需要元数据管理

以运维指标为基础，建立数据驱动的运维工作模式，需要保证数据的准确性，让数据感知、决策准确，并提升指标落地的效率，优化指标消费的体验。与业务大数据不同，用于加工运维指标的原始数据更加不规范，且存储数据源很多，在加工过程中由于各个运维工具的业务术语定义不一致，还存在一些突出问题，比如：

- 运维数据分析师与运维开发工程师之间的沟通存在误解，降低了协作效率；
- 各运维工具平台指标数据来源、计算口径不一致，导致同一类指标在不同的场景下计算口径不一致，出现计算结果和取数偏差；

- 各运维工具平台数据没有统一的数据标准，导致数据难以采集、集成、清洗和统一化处理。

这些问题主要是由于缺乏记录指标数据的描述，数据不统一，难以提升数据质量，难以完成数据模型梳理等源源不断的基础性数据问题，限制了数据平台发展，导致数据应用效果不能快速展现。

运维指标的元数据管理，需要跟踪每一个数据元素的生命周期，为每一个数据元素提供生命周期信息，从数据源到最终的用户展现，包含原始数据来源、数据字段名、处理方法、目标表定义、指标数据业务含义、如何消费使用等。对数据源的跟踪能够在数据源发生变更时分析对运维指标的影响，例如，为了分析业务交易量异常状况的在线监控，需要基于日志解析出某类交易的交易量指标，而落地交易指标后，又可以将交易量作为原材料加工成其他技术运营和业务运营的指标。如果没有对日志建模涉及的数据格式变化进行监测控制，那么当原始日志格式发生变化时，将直接影响交易量指标的数据准确性，并影响基于该交易量指标建立派生出的其他指标与运维场景。

运维指标的元数据管理可以分为技术元数据和业务元数据。技术元数据是描述系统中技术领域相关概念、关系和规则的数据，主要包括对日志、时序、关系数据库数据结构的描述，以及数据接口、数据存储、数据封装等全部数据处理环节。业务元数据是描述系统中运维领域相关概念、关系和规则的数据，主要包括运维业务术语、信息分类、指标定义、业务规则等信息。

4.3.3　基于运维指标体系建立指标元数据管理

如果将众多有关系的指标整合进行体系描述，就形成了指标体系。指标体系是指将零散单点的、具有相互联系的指标系统化地组织起来，形成由多个指标按照一定逻辑关系组成，服务于特定目的的有机整体。运维组织的数据来源于监控指标数据、报警数据、日志数据、网络报文数据、用户体验数据、业务运营数据、链路关系数据、CMDB、运维流程数据等数据形式。为了实现多源数据的统一采集、指标提取和数据存储，需要建设运维数据平台，运维指标体系就是运维数据平台建设的关键能力要求。指标体系的元数据管理重点包括维度管理和指标管理两部分。

维度指用户（指标体系的使用者）观察、思考与表述某个事物的"思维角度"。不区分维度而单纯谈论指标，是没有意义的。用统计学的语言来说，指标是模型中的解释变量与被解释变量，维度是模型中的控制变量（也是解释变量的一种）。维度管理包括基础信息和技术信息，由不同角色进行维护管理。其中，基础信息对应维度的业务信息，由熟悉指标的业务或系统运维管理负责，主要包括维度名称、业务定义和业务分类；技术信息对应维度的数据信息，由运维研发维护，主要包括是否有维表（是枚举维度还是有独立的物理维表）、是否为日期维、对应 Code 的英文名称和中文名称，以及对应 Name 的英文名称和中文名称。

指标管理包括基础信息、技术信息和衍生信息。基础信息对应指标的业务信息，主要包括归属信息（生产环境层面、数据域、运维过程）、基本信息（指标名称、指标英文名称、指标定义、统计算法说明、指标类型（去重或非去重））和运维场景信息（分析维度、场景描述）。技术信息对应指标的物理模型信息，由运维研发进行维护，主要包括对应的物理表及字段信息。衍生信息对应关联派生或衍生指标信息、关联数据应用和业务场景信息，便于用户查询指标被哪些其他指标和数据应用使用，提供通过指标血缘分析追查数据来源的能力。

运维指标体系的建设需要基于运维价值创造驱动，即围绕业务连续性保障、客户体验、软件交付和 IT 服务的价值主张目标，分析要达成上述目标应该采取哪些策略，以及应用哪些实际的运维或运营场景。

4.4 构建系统架构关系

4.4.1 架构与架构资产化

架构是团队专家经验的结果，要将架构资产化，得到专家经验的传承，架构图的管理是架构资产化的一个输出物。架构图的类型比较多，以 4+1 的架构视图为例，包括：

- 逻辑视图：主要针对服务组件的需求，即系统给用户提供哪些服务；
- 开发视图：主要针对软件在开发环境下实现模块的关系；
- 过程视图：主要针对组件之间的通信关系；
- 物理视图：主要针对物理或系统软件环境，物理即服务器或终端，系统软件即虚拟机、容器等；
- 场景视图：主要针对功能的关系。

运维需要关注逻辑、过程、物理和场景四类架构图，以往我们主要用一些办公文档进行管理，存在架构图信息更新难，架构信息协同传递效果不佳等问题。要将架构图按资产化进行管理，需要回到架构的几个要素，即模式、组件、关系和描述，要让架构图中的模式分类，服务组件和组件关系数字化，通过线上化架构图的方式描述架构。同时，还要让架构图融入日常的工作场景中，比如架构评审、应急管理、容量分析等。

技术架构的核心价值是为业务服务提供最优解，因此要使用最合适的架构。以下从应用、系统软件和基础设施3个层面列举在运维过程中经常关注的架构。

1. 应用层面

单体、SOA和微服务是应用层面常见的三种技术架构，对于运维而言，每种架构都有各自的优劣势。

（1）单体

存量系统，尤其是内部管理类系统，或对并发要求不高，或变更迭代少的系统，很多属于单体架构。单体架构通常指所有功能模块的制品打包在一起，并部署在一个中间件容器中运行，单体架构广泛应用在存量比较旧的系统以及一些简单应用。在运维侧，单体架构有利有弊，优点是系统架构逻辑简单、好理解，应急保障、变更部署、技术验证及测试、系统扩容方案等运维行为容易固化、标准化，有利于专家经验的培养；缺点是单体架构面临模块紧耦合，制品包过大，牵一发动全身，可维护性和可扩展性会随着时间的推移而降低，维护成本加大，故障隔离性差，程序故障修复慢。

（2）SOA

面向服务架构（Service-Oriented Architecture，SOA）是一种组件模型，它将应用程序的不同功能单元（称为服务）进行拆分，每个组件对应一个完整的业务逻辑，并通过这些服务之间定义良好的接口和协议联系起来。与单体架构相比，SOA 采用一种松耦合的服务架构，以服务为中心的各个系统之间依靠企业服务总线（Enterprise Service Bus，ESB）进行调用。从运维侧看，SOA 的架构在初期通常会给运维增加难度。从运维人员角度，单体架构的硬件服务器、中间件、应用程序、数据库等组件的部署方式很清晰，当发生故障时，运维人员凭经验即可快速定位问题。但是采用 SOA，软件和服务部署在不同的设备上，同一个业务涉及多个系统、多个团队的协同，而某一个服务组件的单点或异常也会产生全局性的影响。不过，随着应用架构高可用性不断完善，以及运维工具平台赋能，改善了 SOA 的运维难度，可以更好地利用 SOA 带来的扩展性。

（3）微服务

微服务在 SOA 的基础上，强调服务组件的"微"，微服务的每个服务对应单独的功能或任务，同时，微服务不再强调 SOA 中 ESB 这种"中央管控式"的架构。由于每个服务都专注某一细分的功能，逻辑相对单一，单个服务更加易于开发与维护，在架构上更利于扩展。同样，站在运维侧，微服务带来一系列优点的同时也增加了运维的难度，原来一个单体系统主要采用几台性能强大的服务器部署，而采用微服务可能会被拆成几十个服务部署在不同的服务器上，调用链路更加复杂。

2. 系统软件层面

（1）数据库

数据不丢是运维的生命线，数据库架构重点围绕高可用、高性能、一致性和扩展性。常见的数据库架构高可用方案包括：

- 主备架构：主机负责读写，备机只负责故障转移，通常采用主备共享一份数据存储或数据复制的方法同步数据到备机。主备切换通过心跳机制自动或手动切换，分别对应热备与冷备。

- 主从架构：包括一主一从或一主多从的架构，主机负责写，从库负责读，实现读写分离，主从架构根据应用需要可以设置主从数据一致性要求。
- 分布式架构：重点解决了大表的读写问题，通常利用数据库分布式中间件实现数据库事务和数据处理。数据库中间件使底层分布式数据对于上层应用而言是透明的，相当于逻辑数据库。在数据库分布式中间件下，对原本大表进行分库分表。

（2）其他模块

其他系统软件的组件还包括服务注册与发现涉及的 ZK 和 Eureka，消息中间件中的 Kafka、多种 XXXXMQ、DNS 域名解释服务、CDN 服务、Nginx 等负载均衡软件，以及 ES 搜索引擎等，这些主流的架构组件通常都会有一些比较成熟的部署方案。运维侧重点要推动研发对于组件的标准化，同时配备相应的云资源服务，以及监控和自动化相关工具，以更好地支持此类组件模块的可维护性。

3. 基础设施层面

在基础设施层面，很多行业的组织采用两地三中心的架构，三中心指主中心、同城备份中心和异地灾备中心，在实际的实施上有些组织会在两地三中心的基础上增加同城灾备中心，以解决异地灾备中心数据同步时效性问题，租用异地机房解决终端接入，或引入行业云和公有云补充弹性扩容能力等方式，组成混合云的基础设施架构。对于应用系统架构，基础设施层架构一方面屏蔽了基础设施层的复杂性，提供具有良好扩展性的基础设施服务；另一方面基础设施架构也向上层应用提出双活、多活等更高的要求，驱动应用系统的架构升级，云原生应用架构和微服务架构模式为新的业务系统架构提供了最佳实践，但在用的存量系统则是另一个难题。

4.4.2 串联运维对象的横纵关系

从元数据角度看，系统架构关系重点指运维对象之间的关系，包括纵向的部署关系、横向的链路关系，以及知识中人与机器、软件的关系。

1. 纵向关系

如果将运维对象进行分层，可以包括基础设施层、平台软件层、应用系统层和业务服务层。其中，基础设施层主要针对 IDC 机房、机柜、网络、服务器、存储等；平台软件层主要针对 PaaS 层的应用平台、容器、数据库、中间件、操作系统等；应用系统层主要针对系统、应用、服务、集群等；业务服务层主要针对功能、订单等。这些运维对象之间有一个纵向归属或包含的关系，比如业务服务层涉及的功能和订单归属于应用系统层，应用系统层由多个主机的集群组成，应用部署在集群的操作系统或容器中，虚拟机节点由某个物理主机虚拟化，物理主机安装在服务器中并使用部分存储，服务器分配在某些网段中并安装在某个 IDC 的某个机柜里。

纵向的归属和包含关系是传统 CMDB 经常使用的模型，并进行广泛的配置关系消费。比如，监控系统要实现监控策略的自动化，通常会将纵向关系作用于监控对象的节点，自动化操作工具、云管平台等对于主机的管控，监控告警的丰富等也会使用纵向的关系数据。

2. 横向关系

随着企业应用系统越来越多，业务逻辑越来越复杂，系统与系统之间的依赖关系变成一个很关键的描述对象的数据。以银行的网上支付为例，一个淘宝的支付业务可能涉及超过 10 个以上的应用系统，交易流转过程中涉及的应用系统节点异常将直接影响交易的正确完成。这种上下游依赖的关系是对象之间的横向关系，不同类型的对象会有不同的依赖关系，比如系统级别、应用级别、服务级别等。相关的原始横向关系可以通过 NPM、APM、分布式链路、应用日志等数据获取与分析，或基于人工方式绘制。

以分布式链路追踪技术为例，分布式链路追踪技术是云原生架构下横向关系数字化的重要手段，对于当前的复杂性架构有极大的效益。在当前的云原生微服务架构下，一次后端请求，可能历经了多个服务才最终响应到客户端，如果在调用链的某一环节出现了问题，排查起来是很麻烦的，分布式链路追踪为描述和分析跨进程事务提供了一种解决方案。Google Dapper 的论文中描述了分布式链路追踪的一些使用案例，包括异常检测、诊断稳态问题、分布式分析、资源属性和微服务的工作负载建模，OpenTracing 由此提出了与平台无关、与厂商无关的 API，使得开发人员能够方便地添加（或更换）追踪系统。OpenTracing 提供了用于运营支撑系统和针对特定平台的辅助程序库，程序库的具体信息请参考详细的链路追踪 API 规范，规范支持多种编程语言。

3. 知识关系

前文在提及纵向与横向的运维对象关系时，并没有在关系中引入人的角色，但智能运维一定是人机协同的运作模式。知识关系是人机协同模式下人与运维对象之间在各种场景下的架构关系。从以终为始的角度看运维知识，可以将其理解为一张运维知识地图，并可以以不同角度作为切入点对知识地图的场景进行知识关系绘制，即运维知识蕴含在什么场景下，有什么数据，之间是什么关系，如何使用，有什么人或机器。对于知识关系的工程建设，可以从运维线上化知识库、运维在线场景和运维知识图谱三个角度进行思考。

4.5 运维元数据管理技术架构

一个完整的运维元数据管理技术架构应该包括元数据管理的一个生命周期，可以归纳为：采集与存储、监控与管理、分析与服务的能力。对于有条件的运维组织，可以考虑构建统一的元数据管理系统，而对于其他大部分运维组织，可以基于 CMDB 构建运维对象，基于运维指标体系构建指标描述，基于架构管理和知识图谱构建架构模型。可以考虑将元数据的采集与存储、监控与管理、分析与服务的能力整合在上述已有的工具平台上。

4.5.1 元数据的采集与存储

元数据的采集需结合自动化与流程管控两种方式。从元数据保鲜角度看，能自动化应采用自动化，比如应用系统上的服务、进程等动态对象，以及指标元数据的数据结构、字典说明等，运维需要从技术上提供各种自动化能力，实现对元数据的自动获取，包括自动元数据信息采集、自动服务信息采集、自动业务信息采集等，这要求使用的数据管理工具支持一系列的适配器，并配置源端的代理程序。但是，并非所有元数据都能通过自动化发现或采集，比如运维对象数据中的机器、软件、应用系统和人的元数据信息，以及指标元数据中的业务指标，通常需要人工维护，比如机器上下架、系统上下线、软件许可的配置等信息，这些运维对象的元数据需要结合对象的生命周期过程，建立线上化的管控流程，在流程过程中落地元数据。

　　以联邦方式实现元数据的存储。联邦思路来自共和国政府的形式是一种协约，依据协约，几个较小的邦联合起来，建立一个较大的国家，并同意成为这个国家的成员，联邦共和国是几个社会联合而产生的一个新的社会，这个新社会还可以因其他新成员的加入而扩大。采用联邦方式的运维元数据存储，是建立一个主元数据仓库与多个分治的子元数据仓库。对于主元数据，重点负责从全局角度制定数据管理要求并进行数据整合，用户基于这个统一的主元数据仓库可以按需获得元数据管理。其中，数据整合可以采用定期同步联邦子元数据仓库数据以实现统一存储，也可以基于标准建立连接，需要具体元数据时再到各子元数据仓库实时获取。不同的元数据仓库有不同的负责人负责数据管理，如图 4-1 所示，比如 CMDB 的对象元数据并不是一个CMDB 实现所有采集、存储和管理，而是可以由业务 CMDB 的应用及业务元数据、基于 CMP 的基础设施元数据、基于网管的网络元数据等联邦组成，对象的治理标准、流程管控和准确性分别由业务、系统和网络运维负责。

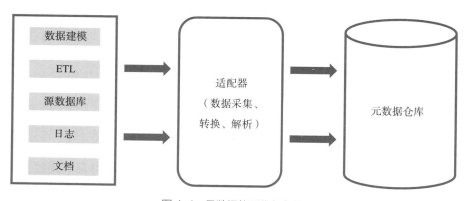

图 4-1　元数据的采集与存储

4.5.2 元数据的监控与管理

运维数据直接用于运维业务连续性保障、客户体验感知等实时场景，在运维争分夺秒的应用场景中，数据的准确性尤为重要。运维元数据是运维数据应用场景的基础，元数据的重要性又进一步加强。元数据管理的技术平台要提供一些自动化的数据质量监控和流程机制的管控能力。自动化检核功能，主要包括属性信息自发现、一致性检核、属性填充率检核、组合关系检核等。流程机制主要围绕元数据的生命周期建立全线上的管控，比如对系统对象的系统上线、运营、变更和退出的管控。当元数据出现问题时，需要结合监控策略即时触达人员，以达到元数据质量从异常到处理的闭环。

同时，我们经常会遇到运维人员发现数据应用场景中的数据有问题，要求运维数据研发人员进行问题排查或修改的情况，但由于数据加工链路长，修改将涉及多个系统，很难精准定位问题数据的相关表和字段。另外，需要为运维人员提供方便的元数据获取的能力，实现元数据模型的定义与存储，将元数据模型封装为用户可理解、可获取的服务。应为运维数据研发人员提供元数据的分类、建模、血缘关系和影响分析，方便数据的跟踪和回溯，包括业务元数据、技术元数据和管理元数据，并支持元数据的基本信息、属性、依赖关系和组合关系的增删改查等功能操作。

4.5.3 元数据的分析与服务

运维元数据需要围绕元数据质量建立相关的运营分析指标，基于质量指标发现主要存在的元数据问题，以及元数据问题背后的技术、流程或人的问题，并以数据驱动质量的提升。数据驱动重点从数据感知与数据决策能力出发。在数据感知上，需要关注运维元数据在数据血缘分析、影响分析、全链分析、关联度分析、属性值差异分析等方面的价值，以建立分析感知能力。在数据决策上，需要基于数据感知，分析出运维元数据的来龙去脉，快速识别元数据的价值，掌握元数据变更可能造成的影响，并基于对运维元数据的分析发现元数据的变更，以决策对于运维指标体系、CMDB等数据产生影响的相关维护举措。

　　元数据的消费主要面向机器与人。在面向机器方面，元数据管理系统提供元数据访问的接口服务，需要支持主流的 REST 或 WebService 等接口协议，方便其他系统更好消费元数据。在面向人方面，元数据管理系统要以服务的方式运行，运维人员可以按需、在线获取元数据涉及的数据血缘关系、影响分析、业务含义等，通过元数据访问服务以支持元数据的共享。

4.6　运维知识管理

　　"数据、信息、知识"三个词有一定的关系与区别。数据是对现实世界逻辑归纳后的描述，信息技术则赋予数据一些更为特定的范围：在计算机系统中，各种符号（如字母、数字、字符等）的组合、语音、视频、文档等统称为数据。数据通常表示未经加工的原始素材，信息则对数据进行归纳总结，描述客观事物和客观事物的关系，形成有逻辑、有时效性的数据流。信息虽从海量的数据中归纳出有意义的东西，但它的价值往往会在时间效用失效后开始衰减，或它的价值只有在某些场景下才有效，所以信息又需要通过人的参与对其进行归纳、演绎和挖掘，使信息的价值与场景关联沉淀下来，存在人或组织的体系中，形成知识。

　　运维组织最重要的资产并非昂贵的硬件资源或软件许可，而是与组织相关的知识体系。在运维领域，我们面对海量的机器、软件、操作、服务管理等产生的数据，通过运维的 CMDB 元数据管理、指标体系建设等方式将海量数据归纳为信息，再围绕"人、事、时间、协同、环境"细分具体场景，建立运维知识的切片，众多场景切片整合在一起就形成了整个运维组织的知识体系。运维知识管理定义为人或机器对运维协同对象之间联系的描述，这种"描述"也是一种运维数据，它蕴含了在什么场景下，有什么数据，之间是什么关系，如何使用，有什么人或机器等内容，并具备沉淀、传播、扩展等特点。

　　在运维数字世界中考虑运维知识管理，需要利用计算机思维，即运维知识工程。运维知识工程主要包括专家知识库和运维知识图谱，前者重点是将专家知识的生命周期融入工作场景的线上化工具中，后者重点是建立全数字化的关系。运维知识管理的步骤包括知识产生、知识处理、知识共享、知识应用和知识更新。

数据、信息、知识可以认为是一种递进的关系，数据是计算机对物理世界的记录描述，提炼之后形成对人类有用的信息，信息汇聚在一起变成某些人或某个组织的知识，知识是从信息中发现共性规律、模式、模型、理论、方法等。生活中，我们的知识管理面临一些困难：一方面，政策法规、市场环境和新技术发展很快，终身学习是社会对人们的必要能力要求，构建个人知识体系是终身学习的一个方法；另一方面，互联网的发展，让我们的生活面临海量信息轰炸，很容易被无用信息所淹没，比如朋友圈、微博、公众号、抖音、快手、知乎、简书等，关注的内容越来越多，个人知识管理的内容就会越来越多、越来越乱。所以，如何建立个人知识体系并落实个人知识管理是每个人要去思考的问题。

在 IT 领域中，运维与研发、测试等岗位不同，运维对知识的沉淀要求更高，尤其是越接近业务的运维岗位。随着业务需求变化、系统数量增加、系统间上下游链路增加，技术架构向服务化架构转变，服务化又从 SOA 向微服务方式演进，服务化架构的变化不可避免地使应用链路节点增加、逻辑关系更加复杂，让运维知识沉淀面临巨大挑战。虽然运维组织通过运维平台化建设，将运维对象和对象之间的关系数字化，并构建了大量工具化、自动化、智能化的运维场景，但以机器为主导的运维模式仍未出现，笔者认为当前仍将围绕人机协同建立智能运维模式，即智能化运维仍将定位为赋能的主要作用，智能运维需将人的角色加入运维对象和关系的各类场景中，每个场景是运维知识的片段，运维知识工程就是将这些片段通过平台的方式管理起来。

4.7 小结

- 运维数字世界的 4 个关键特征：协同连接、数字赋能、平台管理和服务运营。

- 利用数字地图描述运维数字世界，应对越来越多的人员数量、系统数量、主机数量、服务数量和数据量，以及架构链路与沟通关系越来越复杂的挑战。
- 运维元数据是运维数字地图数据层面的表达方式，运维元数据即描述运维对象、运维指标和架构模型的数据。
- CMDB 以业务为中心，实现数据的生命周期管理，驱动配置数据更新，以适配当前运维元数据对于对象的描述。
- 运维指标体系的建设需要基于运维价值创造驱动，即围绕业务连续性保障、客户体验、软件交付和 IT 服务的价值主张目标，分析要达成上述目标应该采取哪些策略，以及应用哪些实际的运维或运营场景。
- 系统架构关系重点指运维对象之间的关系，包括纵向的部署关系，横向的链路关系，以及知识中人与机器、软件的关系。
- 一个完整的运维元数据管理技术架构应该包括元数据管理的一个生命周期，包括采集与存储、监控与管理、分析与服务的平台能力。

主数据之魂：运维指标体系

指标是一种衡量目标的方法，经常会用来描述现状或预测未来。以用电量指标为例，全社会用电量经常作为衡量经济发展的一把尺子，而且电力指标也反映了国民经济的运行状况与经济结构的变化。在经济理论中，发电量、用电量与 GDP 增速高度关联。在企业的数字化转型过程中，为了确保转型的有序推动，需要建立转型的绩效指标，比如衡量业务涉及的订单增长、单客户收益、传播周期及忠实客户比率；产品层面的 App 月活、渠道占比、崩溃率等；运营效率涉及的任务调度次数、流程周期等。

在运维领域，指标也被广泛使用，比如基础设施的资源容量指标、应用的性能指标、持续交付的效率指标、流程管理的服务指标等。指标需要与运维组织的核心价值匹配，并支持量化、实时、可监控，可以透明、公开地传达到组织具体的人，让流程可以持续地得到优化，这是构建持续优化型与学习型组织的关键。在组织、流程、平台和场景四位一体的数字化运维体系下，指标的应用，在组织管理上能够让组织流程可视、可控，且具备在线和可穿透的作用；在流程的协作上能够建立公平、透明的协同文化；同时，指标也为运维平台化管理的场景设计提供基础原料。数字化运维的核心是业务运维数据的采集、治理和运用，而业务运维数据运用的前提是高质量的数据以及能体现数据间逻辑关系，能将这些数据组织或串联起来的指标体系。

随着数字化运维体系的不断推进，组织对数据的应用越来越多，将数据感知、决策和执行的闭环融入运维场景中，也对运维数据中台所表现的可复用、可共享的需求越来越强烈。指标是运维数据中台的核心输出，大量数据应用场景都建立在指标之上。

在运维数据的主数据管理中，可以围绕运维指标体系来构建运维数据管理。

5.1 运维主数据管理思路

主数据在中国信息通信研究院发布的《主数据管理实践白皮书（1.0版）》中的定义是："指满足跨部门业务协同需要的、反映核心业务实体状态属性的企业（组织机构）基础信息。""主数据相对交易数据而言，属性相对稳定，准确度要求更高，唯一识别。"主数据管理是指一整套用于生成和维护主数据的规范、技术和方案，以保证主数据的完整性、一致性和准确性。主数据与交易数据不同，主数据的内容具有稳定、可共享、权威等特征，总结运维主数据的主要数据如下：

- 与机器相关的：环控、机房、网络、服务器、存储等；
- 与软件相关的：系统软件、数据库、中间件、应用系统、DNS、应用配置、制品、功能号、版本号等；
- 与关系相关的：部署架构、逻辑架构、调用链路、上下游关系等；
- 与人相关的：运维（运维操作、SRE、运维开发、流程经理等）、IT部（开发、产品、测试等）、IT 外的业务人员、客服、客户等；
- 与流程相关的：与 ITIL 相关的变更、事件、问题、配置等，以及团队内协同规程等；
- 与规则相关的：监控策略、性能管理、容量阈值等。

从上面的运维主数据看，相关数据存储在 CMDB、ITSM、监控、持续交付等系统中，部分数据需要基于多个平台系统数据进行整合加工。以业务连续性保障管理中的"互联网交易量"指标为例，可能会从多个不同角度统计分析交易量指标，比如系统、站点、终端类型、终端版本、功能号、机构等。这些维度在互联网相关的其他运营和性能指标中同样也会用到，这些维度信息在数据应用中尤为重要，具有稳定、可共享、权威、连接性等特征，适合作为运维主数据管理。

从运维主数据的平台建设思路上，一方面，可以采用分布式的方式将主数据放在多个不同的工具系统上，并建立统一的 API 网关；另一方面，可以采用统一的运维指标体系，持续沉淀运维主数据指标。

笔者倾向基于运维指标体系实现运维主数据的管理，以下是关于指标体系的介绍。

5.2 不同领域指标体系的建设经验

5.2.1 国外指标体系理论方法趋于成熟

1. Garter 的关键指标数据

作为一家重要的 IT 领域研究咨询公司，Gartner 擅长量化分析指标和指标体系的开发。基于对标分析（Gartner Benchmark Analytics）的咨询能力，Gartner 从 1995 年开始发布 ITKMD（IT Key Metrics Data）系列报告，到今天，这些报告每年给出超过 3000 个指标，相关文档 90 多份，覆盖 21 个不同行业。这些报告主要分为五个领域：行业、基础设施、应用、IT 安全和外包。

关于业务价值模型和指标、业务风险指标、IT 业务价值（BVIT）指标、客户体验（CX）指标、IT 评分（IT Score）、战略性 IT 基础设施指标、数字化业务 KPI、可视化大屏指标设计等，Gartner 都有报告进行阐述。

2. ServiceNow 的绩效分析工具

在国外的 IT 运维行业，ServiceNow 的 Performance Analytics 组件通过

一个易用、集成的应用程序来报告和分析业务绩效，将组织无缝地转变为目标导向。Performance Analytics 随附了 600 多个预定义的 KPI 来测度平台的流程，并且包括响应式和交互式仪表盘，以及下层钻取和功能强大的分析工具，可以深入了解如何提高业务服务和流程的质量。通过利用这些仪表盘和 KPI 数据，用户可以迅速推动业务改进，省去了创建和维护分析工具 / 方案的步骤。

近日，ServiceNow 发布报告，从客户满意度和保留、运营效率和降低成本、代理商满意度等角度，提出了在新冠肺炎疫情导致的新常态下企业需要跟踪的客户服务指标和 KPI。

3. 毕马威公司的实践

毕马威（KPMG）公司开发了一个智能企业（Intelligent Enterprise）框架，可用于 IT 组织。KPMG 认为应该将 IT 看作一项业务进行管理。当 CIO 们考虑如何在提升业务价值的同时最大限度地转变 IT 功能时，他们需要识别、衡量和分析业务如何评估 IT 是否成功，无论是提供核心 IT 服务还是为业务价值做出贡献。企业需要一套好的 IT 指标，以揭示如何围绕这些成果"推动" IT 性能。这些 KPI 应该超越传统的 IT 指标，包括 SLA、可扩展性、可靠性，以及 IT 努力提供的所有卓越运营改进。它们必须是使 CIO 能够回答有关其组织基本问题的 KPI，例如"IT 项目与业务优先级的协调程度如何？"和"IT 组织在快速进入新市场方面的定位如何？"这是对 IT 价值的全新认识。相关的 KPI 分为具有战略意义的两个主要类别：

- 有效交付核心 IT 服务的 KPI：IT 组织必须持续履行其使命，即保证业务运行，同时提高效率以降低成本。
- 关于 IT 为业务提供价值的 KPI：IT 必须确保其掌握的信息有助于在适当的时间为其合作伙伴带来正确的业务成果。

4. 平衡计分卡与指标体系建设

平衡计分卡（Balanced Score Card，BSC）是罗伯特·卡普兰和戴维·诺顿在 1992 年提出的，初衷是作为绩效管理的工具，后逐步发展为战略实施的工具，即将公司的战略落实到可操作的目标、衡量指标和目标值上。其核心是追求组织的"平衡"发展，其方法是从财务、顾客、内部业务流程和组织成长四个层面找出对组织长远发展和当前发展起关键作用的因素，找到各层面的关键指标并建立指标间的逻辑关系，使得组织的战略目标得以层层分解到可观测、可分析、可落实的指标。通过平衡计分卡建立的指标体系，主要服务于组织的战略实施和战略绩效评价。

平衡计分卡所提到的四个层面（财务、顾客、内部业务流程和组织成长）用于企业内部的 IT 组织存在困难。比利时的组织专家 Wim Van Grembergen 和 IT 专家 Rik Van Bruggen 将四个层面做了修改，以更好地适应 IT 组织。修改后的四个层面是：IT 的公司贡献（Corporate Contribution）、客户 / 用户导向（Customer /User Orientation）、运营卓越（Operational Excellence）和未来导向（Future Orientation）。

5.2.2 国内积极探索指标体系建设方法

国内围绕 IT 运营和 IT 运维指标体系建设的公开研究和实践成果较少。以下简要介绍典型的数据指标体系、标准建设、监控和评价指标体系建设等经验。

1. 互联网行业

（1）数据指标平台建设

阿里巴巴、腾讯、美团等互联网企业为管理和运用丰富的数据资源，都搭建了数据中台，而数据中台的基础之一就是数据指标体系。例如，阿里巴巴的数据中台三大体系（OneData、OneEntity 和 OneService）相辅相成、相互依赖，OneData 体系是基础，是内部进行数据整合及管理的方法体系和工具。在建立 OneData 之前，阿里巴巴的数据有 30 000 多个指标，其中即使是同样的命名，但定义口径也往往不一致。在 OneData 体系中，指标体系规范设计的方法是：以维度建模作为理论基础，构建总线矩阵，定义业务域、数据域、业务过程、度量 / 原子指标、维度、维度属性、修饰词、修饰类型、时间周期、派生指标等。

　　美团点评是全球最大的生活服务平台，选择了 3NF+ 维度建模为基础的模型方法论，对数据进行合理划分和整合，构建了运营专题数据体系。美团推进数据规范定义，制定数据一致性标准，统一口径，同时将核心指标和个性化指标进行抽象，抽取统一规范定义，例如月初到月末的整体交易类商品交易总额（Gross Merchandise Volume，GMV）和补贴类 GMV，其原子指标是 GMV，其他要素都属于指标的修饰；将指标按业务线、类型、基础、衍生等划分为不同类别，并对指标名称、别名、口径等信息落地入库，进行持久化存储。

　　（2）产品 /App 数据指标体系建设

　　互联网产品 /App 的成功运营，要进行精益化的数据分析，因而需要构建一套好的数据指标体系。某企业指标体系建设的模型架构，与阿里巴巴、美团等相似，是以维度建模作为理论基础，定义业务域、数据域、业务过程、度量 / 原子指标、维度、维度属性、修饰词、修饰类型、时间周期、派生指标等。根据介绍，在指标选取上可运用指标分级方法（根据企业的战略目标、组织及业务过程进行自上而下的指标分级，层层剖析，主要分为三级，即 T1、T2 和 T3）和 OSM 模型（Objective、Strategy 和 Measurement）。将指标搭建成指标体系，可运用 AARRR 模型（用户拉新——Acquisition、用户激活——Activation、用户留存——Retention、商业变现——Revenue 和用户推荐——Referral）、场景化分析法（抽象为"人、货、场"）等。

　　还有的做法是先确立第一关键指标（One Metric That Matters，OMTM，也称北极星指标），统一各团队的努力方向；然后根据有关模型（如 AARRR 模型、业务流模型等），搭建数据指标体系。例如，抖音短视频 App 可选取几个指标作为第一关键指标：新增用户数、日活跃用户数量、日均时长、留存率、收入等；最后根据 AARRR 模型或业务流模型对这些关键指标进行细分和拆解，形成指标体系。

　　2. 银行业

　　（1）银行业数据标准定义和指标数据元

　　2014 年中国人民银行发布了行业标准《JR/T 0105—2014 银行数据标

准定义规范》，银行数据标准定义框架分为业务属性、技术属性和管理属性。业务属性描述数据与银行业务相关联的特性，包括中文名称、英文名称、业务定义、业务规则、值域、标准依据、敏感度、相关数据、与相关数据的关系等。技术属性描述数据与信息技术实现相关联的特性，是数据在信息系统项目实现时统一的技术定义，包括数据类型和数据格式。管理属性描述数据标准与数据管理相关联的特性，是数据管控在数据标准管理领域的统一要求，包括数据定义者、数据管理者、数据使用者、业务应用领域和使用系统。数据标准定义框架中的每个具体属性不是在所有情况下都是必需的，这些属性分为必选、条件选和可选几种约束类型。

2017年中国人民银行发布了行业标准《JR/T 0137—2017银行经营管理指标数据元》，在对数据（data）、数据元（data element）、属性（attribute）、度量（metric）、衍生度量（derivative metric）、维度（dimension）、指标（indicator）、基础指标（underlying indicator）和组合指标（compound indicator）进行定义的基础上，提出了银行经营管理指标数据元和银行经营管理指标维度数据元的标准。银行经营管理指标数据元分为基本信息、统计信息、口径信息和管理信息四个方面共24项，如图5-1所示；其中，银行经营管理指标维度数据元又分为维度信息和维度值信息两个方面共7项。

（2）平安银行数据指标体系建设

如何让用户使用数据变得简单？平安银行认为首先应当以指标的治理为切入点，因为指标是企业最核心、最重要的数据资产。指标平台的建设可有效解决以下三个痛点：数据治理痛点、人力成本痛点和集团数字化战略痛点。平安银行指标平台产品架构，主要分为需求接入、指标管理和指标应用三层。在平安银行经营分析生态架构中，指标平台处于数据枢纽的位置，需要往下整合数仓现有数据并在指标化之后，通过指标平台进行统一的管理；往上，指标平台作为数据服务提供方，对接可视化、客群分析、监控预警、指标分析等应用组件；再往上是不同的数据使用场景，能够快速复用不同的应用组件，实现敏捷开发，并承担指标中台的角色。

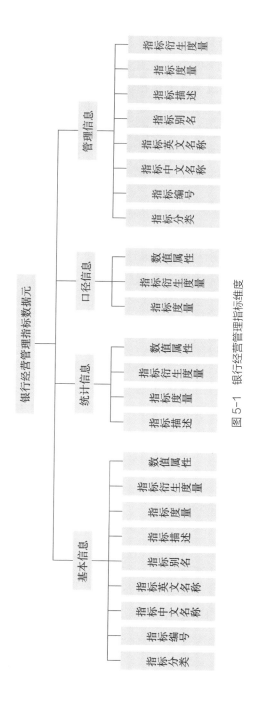

图 5-1　银行经营管理指标维度

平安银行指标平台从 2019 年 12 月完成设计，到 2020 年 6 ～ 7 月上线，已接入的原子指标超过 500 个，派生指标有 1200 个，不同粒度下的维度有 550 个，数据看板已超过 400 个。相较传统的报表开发方式，指标平台的整体交付效率至少提升了 250%，同时，显著提升了集群资源的整体利用率。通过规范的定义和自动化的检测流程，指标平台可以减少重复性指标的开发，保证指标口径的一致性，使得企业的核心指标得到高度复用。

3. 政府及其他

政府运用最多的是各类统计指标体系（用于反映实际情况），包括用于国民经济核算、工业统计、能源统计、金融市场、投资及房地产统计、贸易统计、人口和就业统计、科技统计、社会和文化统计、农业统计、价格统计、服务业和 PMI 统计等一系列统计指标。GDP、人均 GDP、CPI、工业用电量、铁路货运量、上证指数、创业板指数等都是人们耳熟能详的统计指标。

除了各种统计指标体系，各级政府为推进重大计划或事项的落实，做好事前引导、事中监控、事后评价，还制定了很多监控指标体系和评价指标体系，例如美丽中国建设评估指标体系、健康城市评价指标体系、国家高新区创新能力监测指标体系、国家高新区创新能力评价指标体系等。就监测和评价指标体系而言，政府出台的框架一般都划分为一级、二级、三级指标等，并为每个指标赋予权重，可通过加权平均得到最终分值。

5.3 指标体系的概念和类型

5.3.1 认识指标

从以上对指标体系建设实践的介绍来看，与指标体系相关的概念有很多，包括指标、度量、KPI、维度等。界定清楚这些概念，对于构建和运用指标体系至关重要。

1. KPI、指标、度量和测度

与指标相关或相近的词有度量、计量、测度等，相关的英文有 indicator、metric、measure、KPI（key performance indicator）和 key metrics。在英文中，measure、metric 和 indicator 也经常不加区分地使用。中国人民银行 2017 年发布的行业标准 JR/T 0137—2017《银行经营管理指标数据元》中，metric 对应中文的"度量"，indicator 对应中文的"指标"。在经济中，econometrics 中文翻译为计量经济学。在有关英文文献或报告中，KPI 和 metrics 经常组合在一起来谈，即 KPI and metrics 或者 metrics and KPI。也有一些文章或报告，专门对 metric、measure 和 KPI 的区别进行了探讨。维基百科和英文词典对这几个词汇也有解释。综合有关资料，本文对相关概念或词汇的简要解释如下。

（1）测度 / 测量

测度 / 测量对应英文词汇 measure（数学上，将 measure theory 翻译为测度论）。在数据分析中，测度 / 测量是可以求和、平均的数字或值，例如销售额、距离、持续时间、温度、重量等。该术语通常与维度（dimension）一起使用，如城市、产品、颜色、分销渠道等。例如，假设销售了 50 台电视和 30 台收音机，那么销售量就是测度 / 测量（50 台和 30 台），维度就是产品类型（电视和收音机）。

（2）度量 / 计量

度量对应英文词汇 metric。度量是对业务的规模、程度、比例和结构进行的量化测度。度量（metric）与测度（measure）的主要区别在于：测度是一个最基本的或特定于单元的（unit-specific）术语，而度量（metric）是可以通过一个或多个测度（measure）计算得出的。例如，"顾客流失率"作为一个度量，是由两个测度——顾客总数和终止服务的顾客数量计算得出的。再如，在 SaaS 行业中，"客户获取成本"是一项重要度量，它需要通过给定时间段内的所有营销和销售成本以及同一时间段内获得的客户数量计算得出。

（3）关键绩效指标

关键绩效指标（KPI）是衡量一个组织实现关键业务目标成效的测度，

它必须是与绩效（performance）相联系的、重要的指标。指标（indicator）与度量（metric）的词义区别比较微妙，使用时经常不加区分，中文里indicator和metric也都经常翻译成指标。从字面上来看，指标（indicator）与度量（metric）略有差异，二者本质上都是测度，但指标（indicator）更强调"表征""信号""指示器"的作用，而度量（metric）更强调直接的定量测度/测量。比如，"通货膨胀率"指物价平均水平的上升幅度，在实际中一般不直接、也不可能直接计算通货膨胀率，而是通过价格指数的增长率（如CPI、核心CPI、PPI等）间接表示。

指标有时分为领先指标（leading indicator）和滞后指标（lagging indicator），这是一种相对说法。例如，企业新签合同金额增长，往往意味着未来营业收入的增长，相对于营业收入，新签合同额就是一个领先指标。

（4）KPI、度量和测度的重要性

KPI为什么重要？如果没有建立和跟踪适当的KPI，组织对自身的绩效将缺乏认知。组织可能会觉得自己取得了成功，但取得了什么样的成功呢？是和什么相比？组织可能知道哪些指标可跟踪，但是又应该跟踪哪些指标呢？有了KPI，组织可以设置适当的目标，制定实现这些目标的战略并评估进展，拥有对业务绩效的历史记录。

度量（metric）之所以重要，是因为度量可以覆盖所有可追踪的领域。借助度量，可以考虑得很广；借助KPI，可以考虑得很深入。例如，度量可能会监控网站流量，用于与目标流量相比较；而只有在网站流量影响到内容下载时，KPI才会监控网站流量。与KPI（真正关键的指标）不同，度量涵盖了整个范围。试想：如果不了解所有可跟踪的度量，那么如何选择最需要认真对待的指标呢？

测度（measure）为何重要？度量和KPI均依赖于测度并且是从测度推导出来的。没有测度作为基础，就无法真正构建起度量和KPI，企业或组织只能摸黑前进。

2. 维度

在构建指标体系时，经常遇到的一个术语是维度（dimension）。维度

（dimension）一词在日常生活中经常运用，数学、物理学、计算机等领域都有运用。剑桥词典对维度（dimension）有两个解释，一是指考虑问题时的某个方面、角度、特征或方式；二是指对事物某个特定方向上的测度，如长、宽、高。在数据仓库中，维度指对所涉及对象的属性进行划分的方式，与统计学中的分类变量相似，主要作用是提供过滤、分组和标记。

在建立指标体系时，维度有两种用法。一是用来指代考虑问题的角度和方面，例如财政部有关负责人介绍说，《政府性融资担保、再担保机构绩效评价指引》从政策效益、经营能力、风险控制、体系建设 4 个维度构建了政府性融资担保、再担保机构绩效评价体系。二是用来定义所涉及对象的属性，例如性别、籍贯、年龄等都可以作为维度来定义客户的属性。

笔者认为在建立指标体系时，维度宜定义为"对所涉及对象的属性进行划分的方式"，类似于统计学中的分类变量；而维度指代"考虑问题的角度和方面"的用法，实际上可以通过指标体系分级、分类解决。

3. 指标体系

指标体系（indicators system 或 metrics system）是指由一系列指标或度量按照一定逻辑关系组织起来，服务于特定目的的有机整体。指标体系的构建，强调目的性、逻辑性和整体性。

从目的性来看，指标体系的目的可以是事前引导、事中监测、事后评估，可以是服务于组织整体、特定部门或特定业务场景。例如，设计良好的 KPI 体系可以起到引导组织行为或努力方向、及时监控组织绩效与行为，以及科学评价组织绩效的作用。再如，就 IT 和运维而言，可以构建用于反映 IT 运营绩效的指标体系，也可以构建智能告警、IT 服务水平、IT 基础设施健康度等的指标体系。

从逻辑性来看，指标体系的构建必须体现或依托于一定的理论逻辑、框架或模型，否则指标体系将缺乏逻辑自洽性，其结果也不具有解释力。以 IT 服务管理为例，基于 ITIL2、ITIL3 或 ITIL4 构建的服务指标体系是有差异的。再如，App 产品运营指标体系的开发，经常运用 AARRR 模型（也称海盗模型）。

从整体性来看，指标体系内部各指标应形成逻辑自洽的有机整体，层次清晰、结构合理，重要指标不缺失，指标之间不重复、不冗余。在实践中，由于指标体系的整体性不足，业务上线后经常发现数据不够用、缺指标或缺维度等问题，业务团队需要重新更改设计和开发埋点，数据技术团队则需要重新采集、清洗和存储数据。

5.3.2　指标体系的类型

在构建指标体系前，需要知道构建什么样类型的指标体系。根据前文对指标体系建设经验的介绍以及指标体系有关概念的界定，可对指标体系的类型进行初步划分。

从指标体系构建所涉及的数据平台层级来看，可分为（准）平台级和应用级。阿里巴巴、美团、平安银行等构建的是数据指标体系平台，并将指标体系平台作为数据中台的组成部分。具体到美团外卖产品指标体系、抖音产品指标体系，以及政府或企业运用的一些监测评价指标体系，都属于具体应用级的指标体系。平台级数据指标体系的构建，对于数据标准和数据指标都有明确的要求，如数据标准统一、指标定义规范等。

从指标体系的用途来看，可分为统计指标体系（重在衡量实际情况）、运营监控指标体系（重在实时运营监控和性能监控）、评价指标体系（重在引导和评价）、预测指标体系（侧重于预测）、风险指标体系（重在风险预警）等。

从指标体系的结构来看，有单一复合指标体系（如 Garner IT Score、客户体验指数）、多层级指标体系（不同层级的指标之间存在关联关系）和对标指标体系（关心指标与标准水平的对照，不重视指标间的因果关系）。

从指标体系的面向对象来看，可分为战略层指标体系（主要面向组织高层）、业务运营指标体系（主要面向组织中层）和操作层指标体系（面向基层）。

5.3.3　构建运维指标体系的价值

在分析运维指标体系的价值之前，先看两个运维场景。

场景一：ECC⊖监控大屏展示

我们在大屏上会展示很多整体性指标，如某个系统的整体平均延迟情况、地图上每个省市的访问错误率和某次活动的交易量 / 交易额。

如果 A 系统的整体平均延迟上升了 30%，一线值班人员需要判断为什么延迟上升了，是哪里出了问题。常见的情况是，一线运维人员从数据库流水数据、日志数据和性能管理工具中排查，或联系研发、厂商支持分析方法，判断延迟时间数据是否准确，至于是不是系统有异常、异常是什么原因则需要更长时间的统计分析。

另外，当领导来到大屏前视察时，大屏中显示广州的某个功能错误率为95%，领导问这是怎么回事？陪同的运维人员此时最大的诉求应该是能够快速感知错误率上升的原因、指标什么时候发生变化、下一分钟错误率是否回落等数据感知能力，而不是让运维人员猜测某些客户行为、服务可用性、程序缺陷等问题拉高了错误率。

场景二：故障快速定位

运维人员收到一条告警，某系统用户登录功能的报错数量突增，当前值为 30，基线值为 18，突增 66.7%。运维人员排查该异常告警时，除了查看报错数量的趋势图来观察突增幅度和变化趋势，还希望定位故障原因，是用户侧（人为）原因，还是客户端故障、某台服务器宕机了、某个机房网络故障、某个数据库集群报错、业务逻辑问题导致某类特征的用户集中报错或某个外部依赖如微信支付渠道集中报错。排查定位中，很多运维人员仍主要是在数据库运行 SQL，在日志工具中统计关键词。

上面两个案例突出的问题是基于数据感知异常后，还要花大量时间分析异常背后的原因。基于运维指标管理是一种有效的方法，即抽象运维数据指标，对指标集中管理，构建运维指标体系的价值。运维数据指标的价值主要包括：

1）战略实施的主要抓手。公司战略需要分解为可执行的行动，需要通过一套 KPI 体系来衡量战略实施成果、指导决策与战略实施过程。形成"运

　⊖　ECC（Enterprise Control Center），企业控制中心。——编辑注

维 + 运营"指标体系，是科学制定 KPI 体系、构建运营指挥中心业务运行态势感知的基础。

2）动态衡量业务发展质量。指标体系可以反映业务的客观事实，看清业务发展现状，通过指标对业务质量进行衡量，把控业务发展情况，针对发现的业务问题聚焦解决，促进业务有序发展。

3）指导基础数据建设。明确基础数据建设方向，集中资源，避免过程和结果分析指标数据的遗漏或缺失。

4）为数据分析和根因分析提供基础。指标体系的构建，是与数据和模型紧密联系的，搭建指标体系有利于统一关键指标的业务口径及计算口径，提高数据治理质量，以深入开展数据分析和数据挖掘。通过建立指标体系，明确结果型指标和过程型指标之间的因果关系，根据结果回溯过程，找到问题的核心原因。

5）展现 IT 的业务价值。在数字化运营和数字化转型中，IT 对于公司业务发展的价值越加凸显，通过构建"运维 + 运营"指标体系，有利于更加量化、精细化地展现 IT 的业务价值。

5.4　数字化运维指标体系构建的方法论

5.4.1　D-CREAM 模型

数字化运维指标体系构建采用 D-CREAM 模型（Dimension、Classification、Relation、Evaluation、Attribute 和 Modeling）。指标体系中最核心的要素是维度（Dimension），围绕维度，还需要增加分类分级（Classification）、逻辑关系（Relation）、评价标准（Evaluation）、属性（Attribute）和建模（Modeling），共同构成指标体系的核心要素，如图 5-2 所示。

指标（Metric）：指标体系构建中，需要科学选取指标，并对指标的含义、计算方式等进行定义。业务运维指标是衡量各项业务运维在一定时间和条件下的规模、程度、比例、结构等的数值指标。业务运维指标可衡量总体情况，具备业务含义，并具有常规性和周期性。某些业务运维指标可以通过数据采集直接得到，而有些指标需要通过相对复杂的构造或运算得到。

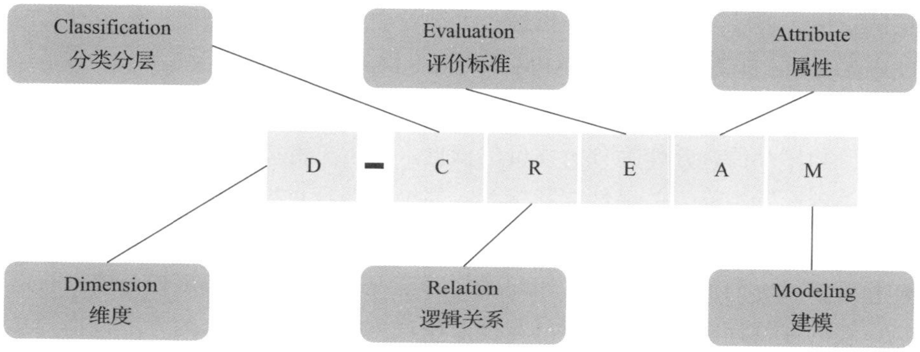

图 5-2　D-CREAM 模型

维度（Dimension）：指标体系构建时需提前考虑未来将从哪些维度进行分析比较，提前收集必要的维度信息。维度是对业务运维过程中所涉及对象的属性进行划分的方式，与指标一样，维度也可以进行多层次细分。指标数据集的细分程度由维度决定，维度越多，细分程度越高，包含的数据值越多，进而可以进行更复杂的维度钻取分析。

分类分级（Classification）：通过分类分级形成指标体系的基础结构，对于指标体系的构建至关重要。在明确指标体系构建的目标和运用场景的基础上，设定指标体系的层级（一般在三层以内）和各层级的分类，并设定维度信息的层级和分类。在对 IT 基础设施的分类分级中，通过采用从主题域到子域、主题、对象，再到对象维度的分类分级方式，将 IT 基础设施全部纳入指标数据体系中。在指标分类上，建议不同类别的指标挂载到不同的监控资源对象上，比如普通指标；核心指标——分析时优先展示；生死线指标——对健康度有一票否决权。

关系（Relation）：指标体系建立时，要针对不同的场景、领域或过程，确定指标体系构建的理论基础或概念模型，为指标选取和维度选取提供理论支撑，理顺指标体系中各级、各类指标之间的逻辑关系（因果、相关、函数运算等）。关系的作用包括：基于业务场景和调用链的指标客观关系，指标间的关系是非常重要的数据类型，基于关系建立的根因分析、影响分析、预测异常等。关系的构建采用：识别场景和业务，调用过程；定义顶层的指标，追踪环节节点及其指标；手动建立关系，关系梳理；基于日志的OpenTracing 自动建立关系；APM 的 Trace Model 自动建立关系。

评价标准（Evaluation）：为指标体系中的关键绩效指标和监控指标确定目标值和标准值，并作为分析评价的依据。对于关键绩效指标、关键风险指标、关键运营指标、关键性能指标等，要给予高度重视和更高权重。指标对于用户的感性认知，基于合理的行业、场景条件的表现，根据不同的关键指标和重要指标的值以及行业和用户的实际情况，建立问题程度划分模型，定义一致的评价标准，确保测评的粒度及用户可接受性。评价的方法包括：横向比对——帮助用户了解指标在行业中的水平和名次；绝对比对——指标反映的好坏程度和及格程度。同时，评估评价方法需要进行分级：可自由选择，一般 3、4 和 5 级使用较多。

属性（Attribute）：指标体系建设中，需明确指标数据元和维度数据元的属性，这是指标数据治理和指标管理的基础。例如，指标数据元包括基本信息（指标分类、指标编号、指标中文名称、指标英文名称、指标别名、指标描述、指标度量、衍生指标、指标数值属性）、统计信息（指标维度、统计周期、度量单位、数据格式）、口径信息（指标类型、产生方式、业务口径）和管理信息（所有者、数据提供者、发布范围、主系统、生效日期、失效日期、维护人、维护日期）。维度数据元包括维度信息（维度编号、维度中文名称、维度英文名称）和维度值信息（维度值、维度值名称、维度值描述）。

建模（Modeling）：指标体系强调对所涉及对象的"定量"度量，因为离不开数学运算，所以需要根据指标的定义和有关理论，确定指标间的数据运算关系，可能大部分是"加减乘除"四则运算，但也可能运用到指数运算、对数运算等较复杂的计算方法。

5.4.2 指标体系实施步骤

数字化运维指标体系的构建和运用，分为五个实施步骤：需求定义、体系构建、平台建立、实际运用和管理维护。

1）定义需求，建立总体框架。目的是确定指标体系应涵盖的范围（领域、场景、过程）及功能要求，初步搭建指标体系的总体框架。为此，需明确指标体系构建的服务目的和服务对象（指标体系的使用者），并根据服务对象的需求及实际情况（如数据源、数据质量等），来确定指标体系应涵盖的范围（领域、场景、过程）和功能要求（如多维度分析、钻取、指标可复用性等）。

2）选取指标和维度，构建指标体系。根据初步搭建指标体系的总体框架，针对客户各个不同业务领域、场景或过程的特点，结合组织战略目标分解、指标体系使用者的需求、行业最佳实践与专业知识、现有数据资源状况等，确定不同领域和场景所适用的分析模型或框架（如平衡计分卡模型、工作流模型、AARRR 模型等），自上而下（从业务需求、模型等出发）与自下而上（从现有业务系统能提供的数据指标出发）相结合，针对各业务领域和场景构建指标库和维度信息库，遵循 SMART 原则（S= 指标具体、M= 指标可测、A= 指标可得、R= 指标相关、T= 有时间条件），选取和确定各领域和场景所需采用的指标和分析维度，明确指标之间的层级关系和因果关系，明确各指标和维度的定义和计量方式，确定各指标的基准、阈值（理想取值范围）、统计时间周期等，经反复沟通确认，形成一套框架合理、逻辑清晰、指标定义准确、维度丰富、评价标准科学、计量周期合理的指标体系。

3）建立数据指标体系平台，开展数据采集和数据治理。明确运维数据标准（业务属性、技术属性、管理属性）以及指标数据元和维度数据元标准，做好对指标和数据的规范定义，采用维度建模方式，搭建指标体系平台或数据库。从现有的业务、运维等数据源中接入有关指标数据，补充收集现有不足的数据，开展数据清洗工作，形成高质量的业务运维指标体系平台或数据仓库。

4）运用指标体系和指标平台数据。将指标体系及平台数据用于数据分析、根因分析、决策支持、可视化、自动化等。其中，可视化大屏的设计，应根据用户需求和业务场景，选择最重要、最相关、可经常测量的指标，以用户易于理解的方式进行展示。

5）管理和优化指标体系。指标体系运用也存在生命周期，针对整个生命周期，持续做好指标体系的优化、更新和指标维护工作。同时，为了提高指标数据的复用度并降低使用成本，需持续做好相应的数据平台运营工作。

5.4.3 数字化运维指标涵盖的内容

根据数字化业务运维的需要，可编制业务运维指标库，指标库包含的指标覆盖 IT 的业务价值指标（BVIT Metrics）、IT 卓越运营指标、IT 基础设施监控指标、客户 / 用户体验指标、关键业务运营绩效指标等几个方面。

- BVIT 指标。反映客户和市场的增长，以及竞争力和盈利的增长，比如订单增长、单客户收益、高价值客户比例等指标。
- IT 基础设施监控指标。反映基础设施及平台软件类的技术运行指标，比如网络丢包率、网络链路延时、专线带宽利用率、出口流量、存储空间、服务器设备状态、CPU、内存、负载、响应时间、缓冲区命中率等。
- 客户 / 用户体验指标。反映前端客户体验、功能可用等业务指标，比如交易耗时、页面加载错误率、App 页面响应时长、App 崩溃率、客户投诉率、渠道占比等。
- 关键业务运营绩效指标。反映业务产品价值，比如交易订单量与成功率、交易委托量与成功率、任务调用数与成功率等。
- IT 卓越运营指标。反映 IT 运营服务管理涉及的技术运营指标，比如围绕变更、发布、故障、问题、服务台等相对应的指标。

5.4.4 IT 卓越运营指标

本节将围绕 IT 卓越运营指标举例介绍指标。

建立持续优化的运维流程管理机制，需要度量运维流程运作的执行力与效率，流程指标是整个运维流程体系的重要组成部分，是对流程管理进行引导和控制，使其不偏离原定目标方向。所以，指标需要根据运维组织的核心价值主张，支持量化、实时、可监控，并透明公开地传达到组织具体的人，让流程可以持续地得到优化，这是构建持续优化型与学习型组织的关键。在组织、流程、平台、场景四位一体的数字化运维体系下，指标的应用，在组织管理上能够让组织流程可视、可控，且具备在线、可穿透的作用；在流程协作上能够建立公平、透明的协同文化；同时，指标也为运维平台化管理的场景设计提供基础原料。

IT 运维领域有很多指标，从描述运维数据表现可以分为生产环境对象及 IT 服务管理，前者是与运维相关的基础设施、平台软件、应用系统、业务及体验涉及对象的数据，后者是运维管理过程中涉及的 IT 服务管理数据，本节重点关注 IT 服务 / 流程管理的指标数据。运维平台化的建设，为运维组织提供了大量的数据，这些数据是运维流程指标的基础。但是，需要注意的是"数据会作恶"，因为不同系统的数据成为指标的过程与软件设计者和指标使用者的个人见识有关，同一份流程数据在不同的背景下展示的效果可能截然不同，即如果运维组织流程规范不标准，各个环节都采用自律及经验驱动，那么指标就不能真实地反映流程状况。所以，运维组织首先需要设计好工作流程，然后设计指标来测量这些流程，再决定如何让软件落地指标数据。幸运的是，运维已经有很多最佳实践可以借鉴，本节参考 ITIL 与 ISO20000 的分类，将流程指标数据分为服务战略、服务设计、服务转换和服务运营四类。服务战略包括 IT 服务战略管理、需求管理、财务管理、服务组合管理等。服务设计包括供应商管理、信息安全管理、容量管理、连续性管理、可用性管理、服务级别重审、服务目录管理等。服务转换包括变更管理、发布管理、配置管理、变更评估、验证测试、知识管理等。服务运营包括事件管理、问题管理、服务台、技术管理、应用管理等。

以下对服务战略、服务设计、服务转换和服务运营四类指标进行介绍，本节对每类摘录几个流程进行梳理，以供参考。需要强调的是，某个流程关注的指标并不是越多越好，或者说应该聚焦与运维组织核心价值创造相匹配的几个最关键的指标，而且关键指标在不同的时段又可能需要调整，如图 5-3 所示。

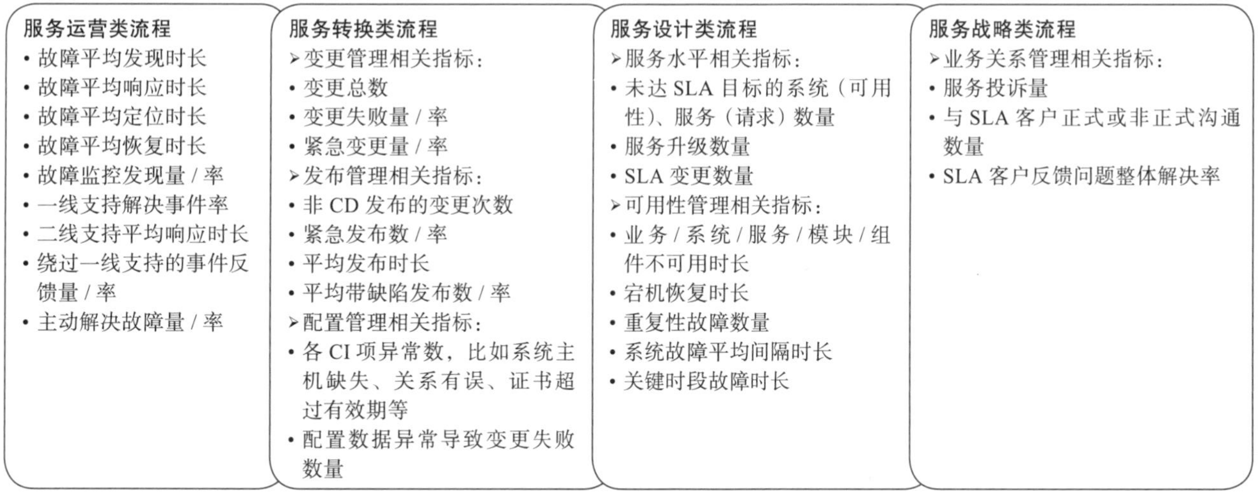

服务运营类流程
- 故障平均发现时长
- 故障平均响应时长
- 故障平均定位时长
- 故障平均恢复时长
- 故障监整发现量/率
- 一线支持解决事件次数
- 二线支持平均响应时长
- 绕过一线支持的事件反馈量/率
- 主动解决故障量/率

服务转换类流程
➤ 变更管理相关指标：
- 变更总数
- 变更失败量/率
- 紧急变更量/率
➤ 发布管理相关指标：
- 非 CD 发布的变更次数
- 紧急发布量/率
- 平均发布时长
- 平均带缺陷发布数/率
➤ 配置管理相关指标：
- 各 CI 项异常数，比如系统主机缺失、关系有误、证书超过有效期等
- 配置数据异常导致变更失败数量

服务设计类流程
➤ 服务水平相关指标：
- 未达 SLA 目标的系统（可用性）、服务（请求）数量
- 服务升级数量
- SLA 变更数量
➤ 可用性管理相关指标：
- 业务/系统/服务/模块/组件不可用时长
- 宕机恢复时长
- 重复性故障数量
- 系统故障平均间隔时长
- 关键时段平均故障时长

服务战略类流程
➤ 业务关系管理相关指标：
- 服务投诉量
- 与 SLA 客户正式或非正式沟通数量
- SLA 客户反馈问题整体解决率

图 5-3 运营指标

以"故障平均发现时长"为例，事件管理的目标是为了尽可能提升事件处理效率，并尽可能降低生产事件对生产业务连续性的影响。"故障平均发现时长"是事件管理中事前管理流程中的关键环节，指标涉及的属性应该包括指标名称、指标描述、指标负责人、指标消费方、发现超时阈值、目标值、指标数据来源、计算口径等。在"故障平均发现时长"的具体设计中，包括：

- 名称为故障平均发现时长；
- 描述为生产故障在真实发生后到被运维机器或人第一时间发现的时长，理论上机器能更快发现；
- 流程与指标的负责人是流程经理；
- 指标的消费方包括事件流程经理、职能团队经理和一线系统管理员；
- 超时的阈值是 5 分钟；
- 目标值是小于 2 分钟；
- 指标数据来源于实时故障应急协同系统、统一监控告警系统、服务台和 IT 服务管理（IT Service Management，ITSM）；
- 计算口径是故障发现时间减实际发生时间。

5.4.5　指标的生产与管理

1. 指标数据采集

数据采集架构，可以根据数据体量进行分布式部署数据采集器。通过采集任务的分解，实现并行多任务采集，以提高数据采集的效率及准确性。同时，为了对各类运维数据纳管，需要实现各类数据源（日志、监控、业务、配置等）配置信息的录入、查看和修改功能，并提供各类数据源的数据样例展示。

采集的数据应包括：业务监控数据采集、PaaS 云监控数据采集、动环平台数据采集、应用性能数据采集、日志数据采集、数据库监控数据采集、配置数据采集、变更管理数据采集、基础环境监控数据采集等。

需要具备针对不同类型数据源抽取接口的能力，支持 HTTP、Kafka、API、日志、Socket、SNMP、文本、数据库、自定义等多种方式的数据接入。数据采集接口程序规范统一，接口具有设定采集规范和采集频率的能力，平台具备观察接口采集效率、统计采集的数据量的能力。

关于采集和采控的实现在数据中台部分已经介绍过，由于 IT 环境中被监控的对象和监控类型非常多，而且指标体系乃至上层的应用场景非常依赖于数据的质量，采集能做到实时、准确还是具有挑战的工作，对于一般的客户来说，自研的代价也是非常高的，建议可以站在巨人的肩膀上建设，可以采用一些业界成熟的且有很好的生态的采集系统，比如 Zabbix、Prometheus、OpenTelemetry 等，其中 Prometheus 在目前云环境下用得会比较多一些，但它默认的部署架构和存储不能很好地支持大规模和分布式的监控场景，需要在其基础上好好地规划设计，但它的监控数据的标准化、监控数据支持的丰富程度和扩展性是非常好的。

2. 指标数据计算和存储

数据采集工具需具有针对不同类型数据源的抽取接口，接口程序需规范统一，且具有设定采集规范和采集频率的能力，能够观察接口采集频率并统计采集数据量，能够采集的数据包括但不限于：主机监控数据、PaaS 云监控数据、应用性能数据、日志数据、数据库监控数据、配置数据、变更管理数据等。

监控工具需能够对采集的数据进行可视化处理，包括但不限于数据检查、数据清洗、数据补全、异常标记等；对不同类型的运维数据，支持多种存储介质和计算模型；数据展示支持 ECC 大屏、PC 端和移动端等多种渠道；需支持集群化部署，各节点和组件的运行情况可视且具备告警配置和通知能力。

还有一些监控数据需要通过加工后才能变成更加方便使用的指标，这几种数据主要是应用性能监控的调用链追踪数据，还有类似 OpenTracing、NginxAccess、用户行为等类型的日志、业务数据等。调用链路的数据是因为其与业务为最相关的一类数据，所以它是非常有价值的。调用链追踪数据有两个特点：体量大、价值随时间的推移而降低，因此存储服务的选型除了数据模型之外，还需要考虑可扩展性以及数据保留策略的支持，另外为了便于查询，还需要为数据的存储建立合适的索引或者实时预聚合计算，实时预聚合的目的就是要将海量的调用链追踪数据转化为指标，比如可以计算出每个 URI 的 TPS、分钟粒度的请求数、错误数等指标；另外，还可以从这些海量数据中获得业务请求的拓扑，该拓扑可以帮助运维人员了解服务之间的依赖和调用关系，对于后期进行人工或智能的根因定位非常有用处，而且还可以及时获得 CMDB 所需的配置项的最新信息，使 CMDB 中的数据更准确且时效性更好。数据预计算的技术方案在前面的运维数据中台中也提到过，可以借助 Flink、Spark 这样的分布式实时计算框架或数据库物化视图等技术来实现。以某案例中用户交易数据的指标梳理为例，可以包含以下指标：交易总笔数、交易失败笔数、交易失败率、订单总笔数、订单失败笔数、订单失败率等。对于交易类指标，还可包含地区（精确到市）和机构（交易的发单 / 收单机构）这两个维度。

指标数据为了便于后期的应用，尤其是在监控、指标看板、时序和日志数据关联分析等场景下应用时，通常应该将指标数据与 CMDB 中的配置项进行关联，这样的好处是可以从 CMDB 的视角来访问指标数据，另外也方便通过业务或配置项类型进行指标数据的权限管控，在定义指标时，将指标的对象标识与 CMDB 中配置项的标识保持一致即可。

3. 指标健康度度量

● 应用系统的健康度模型

通过选择多个指标进行权重配置，健康度模型依据多种类型的指标综合计算健康度。应用系统健康度指标由生死线指标、核心指标和普通指标三类指标构成。对每一类指标根据其特质和重要性设置相应的权重值占比。生死线指标对健康度有一票否决权，可参考以下指标定级分类，见表 5-1。

表 5-1 指标定级

指标等级	定义	指标健康度
A	生死线指标	10
B	核心指标	$1 \sim 9$
C	普通指标	0

● 监控策略管理

监控策略即为特定监控对象设置的指标告警规则，如图 5-4 所示。告警策略以模型为单位进行设置，单个模型下可设置多条监控策略。每条监控策略包含监控对象、监控指标和告警规则，如图 5-5 所示。

图 5-4　监控策略

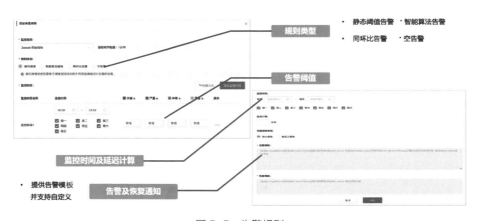

图 5-5　告警规则

● 指标健康度计算

建立评估健康度评分模型，根据模型中各指标权重生成计算公式，并通过告警级别聚合计算健康度、告警规则类型等方式计算得分。比如，5 次判断 3 次异常为判断告警条件，在没有告警的情况下，健康度为 100 分，当触发告警时，健康度分数按照 5 个粒度点中 3 个异常点的分数计算出平均分。

5.5　小结

- 运维指标体系中最核心的要素是指标和维度，围绕指标和维度，还需要增加分类分级、逻辑关系、评价标准、属性和数学运算，共同构成指标体系的核心要素。
- 运维指标体系的构建和运用，分为五个实施步骤：需求定义、体系构建、平台建立、实际运用和管理维护。
- 指标库包含的指标覆盖 IT 的业务价值指标、IT 卓越运营指标、IT 基础设施监控指标、客户 / 用户体验指标和关键业务运营绩效指标。
- 运维指标体系整理纳管业务、应用、服务、组件、主机、硬件等多种类型的指标数据，建立指标库模型，并对指标进行标准化定义、分类和属性划分。
- 基于指标库构建健康度检查能力，根据系统特性个性化配置指标项权重，及时反馈系统运维的运行情况，并通过运行状态的指标进行对比分析，对比关联指标的趋势，便于故障快速定位，让管理人员一目了然，实现精准的 IT 分析决策能力。

|第6章| C H A P T E R

标准化先行：运维数据标准前移

　　拿破仑的成功不仅体现在军事上，在经济和法律上也对后世产生深远的影响。他主导制定的《法国民法典》包括物权、债权、婚姻、继承，以及许许多多沿用至今的民法概念，是第一部把当时的基本原则和精髓完整传承到近现代社会的民法，促进了当时乃至今后很长一段时间法国法制社会的法律规范。《法国民法典》是标准化的一个代表，语言、文字、度量、货币、数字也是标准化的代表，标准化是建立社会秩序、持续推动生产力的必然产物。

　　数据标准对于运维数据治理的作用如同《法国民法典》一样，起到统一数据标准制定和发布的作用，结合完善的运维数据标准管理体系，可以实现运维数据的标准化管理，并保障数据的完整性、一致性、规范性，以支撑数据的采集、存储、计算、管理、使用的一致性，而且运维数据标准是运维智能化的基础。在运维标准化的实施上，一定要坚持以终为始的思路去制定标准，结合价值主张、标准化范围、投入分析、执行方案、技术赋能、标准运营的步骤，形成标准化的闭环。

6.1　标准化概述以及数据标准的内涵

6.1.1　统一的共识：数据标准定义

在国际多极化、全球化的趋势下，标准化是唯一的通用语言，也是国家在 2025 年乃至 2035 年的重要战略规划。近年来，各行各业都在推进标准化建设。2021 年 10 月，中共中央、国务院印发了《国家标准化发展纲要》，明确提出了多个维度的标准化指导意见。

标准化是人类由自然人进入社会共同生活的必然产物，它随着生产的发展、科技的进步和生活质量的提高而发生、发展，受生产力发展的制约，同时又为生产力的进一步发展创造条件。本质上，标准化是对重复的事物、概念和活动的统一。公司标准化是围绕公司的生产运营、产品服务、客户服务等工作，对公司生产经营活动范围内的重复性事物、概念和活动，制定和实施相关的制度或标准。同样，运维组织的流程管理、服务管理、工具建设、运维数据治理也需要标准化，因为如果没有标准化，那么同一个数据，不同的团队和个人的理解会出现偏差，这样不仅增加沟通成本，而且项目的实施、交付、信息共享、数据集成以及协同工作往往会出现各种问题。

回到数据标准的定义，维基百科定义为：数据标准化是指研究、制定和推广应用统一的数据分类分级、记录格式及转换、编码等技术标准的过程。也有不少人将数据标准定义为：保障数据定义和使用的一致性、准确性和完整性的规范性约束。总的来说，数据标准通过统一的数据标准制定和发布，结合完善的数据标准管理体系，实现数据的标准化管理，保障数据的完整性、一致性和规范性，以支撑数据的采集、存储、计算、管理、使用的一致性。在企业中，数据标准通常是对数据的命名、数据类型、长度、业务含义、计算口径、归属部门等，定义一套统一的规范，保证各业务系统对数据的统一理解，以及对数据定义和使用的一致性。在实施中，企业可能会为标准建立相关的制度或文档，并通过各种管理活动，推动数据进行标准化，以确保数据标准的落地。

从数据定义可以看出，数据标准对于企业级的系统数据整合、数据资源共享、系统集成具有重要意义，包括：

- 建立统一的数据标准，有助于对数据进行统一的规范化管理，统一的数据定义与使用理解，减少数据壁垒与沟通成本；
- 用最佳实践将数据采集、存储、计算等环节标准化，可以减少数据转换，有助于提升数据加工效率，提高数据质量。

数据标准化的建立，有助于更好地利用数据连接多个系统或场景，建立一站式的数据蓝图，并为自动化提供基础。数据标准化是数据资产管理的基础，为建立数据全生命周期管理提供基本的保障。

6.1.2　数据标准的典型分类方式

数据标准来源丰富，有来自外部的政府、监管、行业的通用标准，也可以根据企业内部数据的实际情况，梳理其中的业务指标、数据项、代码等。由于在某个角度看数据标准会增加执行步骤，所以数据标准的范围通常会聚焦在业务最核心的数据部分，以支撑数据质量、主数据管理、数据分析等需要。数据标准是进行数据标准化和消除数据业务歧义的主要参考依据。由于运维数据源很多，要更好地管理数据需要对标准进行分类管理，数据标准的分类是从更有利于数据标准的编制、查询、落地和维护的角度进行考虑的。在实践过程中，可以将数据标准分为数据结构标准、数据内容标准和技术业务标准。

数据结构标准主要针对数据的格式、类型、定义、值域、长度等。实施上可以针对不同的数据类型设定相关标准，比如运维领域的数据结构标准可以围绕以下 10 种数据形式，包括监控指标数据、报警数据、日志数据、网络报文数据、用户体验数据、业务运营数据、链路关系数据、运维知识数据、CMDB 和运维流程数据。将这些类型的运维数据形式标准化，运维组织才能更好地通过构建流程和平台，实现运维数据的采集、存储和管理。

数据内容标准可以分为基础类数据标准与指标类数据标准。基础类数据标准主要针对未经加工和处理的基础数据，主要是为了解决整合原始数据涉及的一致性和准确性，通常这些标准需要运维前移到研发阶段；指标类数据标准主要指已经加工处理并具备统计分析意义的数据，通常多个指标合并加工还能生成新的指标。运维数据内容通常包括生产环境对象及 IT 服务管理，前者是与运维相关的基础设施、平台软件、应用系统、业务及体验涉及对象的数据，后者是运维管理过程中涉及的 IT 服务管理数据。

技术业务标准可以分为业务数据标准与技术数据标准。业务数据标准主要指反映业务属性与活动的数据标准，技术数据标准指从信息技术的角度对数据标准的统一规范和定义，通常包括数据类型、字段长度、精度、数据格式等。

以上几种分类方式可以指导建立持续提供数据治理标准化的过程，选择以哪一种分类为指导思路应该结合具体情况做出决策。

6.1.3　国内数据标准和规范概况

丰富的行业数据标准对于组织内编写数据标准提供了借鉴意义，组织建立数据标准时通常以行业标准为基础，结合实际情况，进行必要删减，以下为一些公开资料中的数据标准。

在运维领域，中国人民银行在 2021 年刚发布了《金融 IT 基础设施数据元》（JR/T 0210—2021）。规范以数据元为基础，梳理金融行业 IT 基础设施核心设施设备数据元属性信息，通过定义金融行业 IT 基础设施数据元属性模型，为金融行业标准化建设、全国金融业基础设施数字化管理、金融业信息化台账建设等，提供标准化的基础数据。内容包含 IT 基础设施数据元、数据中心数据元、网络通信线路数据元、硬件设施数据元、机柜数据元、供配电类设备数据元、IT 设备数据元、空气调节类设备数据元、动环监控采集类设备数据元、消防类设备数据元、安防类设备数据元、虚拟机资源数据元以及关联关系数据元。

另外，还有一些更细化的标准，比如国家标准化管理委员会发布的《基于云计算的电子政务公共平台服务规范　第 3 部分：数据管理》（GB/T

34079.3—2017），国家标准化管理委员会发布的《产品生命周期数据管理规范》（GB/T 35119—2017），工业和信息化部发布的《信息技术服务外包第4部分：非结构化数据管理与服务规范》（SJ/T 11445.4—2017），以及中国人民银行发布的《银行间市场基础数据元》（JR/T 0065—2019）。

6.2 运维数据标准面临的挑战及落地方法

6.2.1 面临的挑战

数据标准涉及的规划、编制、落地、增强的闭环，可以将运维标准化的挑战分为标准制定与标准落地两部分。

运维数据标准的制定主要体现在规划和编制过程中。运维数据标准是近几年才提出来的，主要是因为近几年运维平台化与智能运维中遇到的数据孤岛，平台无法连接等痛点问题，在大纲性的框架中，可以借鉴成熟的业务数据标准，但仍存在以下几个问题：

1）数据类型与应用场景不同。由于运维数据以非结构化数据为主，应用场景以实时场景为主，而传统的业务数据以结构化数据为主，应用场景以离线为主。所以，在标准的细则上，仍需结合实际的运维数据和应用场景进行设计。

2）制定标准化的人才不足。运维数据标准化，既要站在全局的角度，以标准化引领流程和平台的建设，又要确保标准细则符合组织实际环境。需要具备全局规划、一线流程与平台经验的人牵头进行标准化建设。

3）运维标准需前移到软件开发阶段。运维数据中，基础设施等硬件相关数据相对标准化，但在软件层面产生的日志、数据库、报文等数据与开发团队各自规范相关，而软件交付生产后再进行标准化难度较大，所以需要将运维数据标准化前移到软件开发阶段。

运维数据标准化最大的问题在于数据标准的落地。相比运维数据标准的制定，如何落实运维数据标准更加困难，通常存在以下问题：

1）运维数据标准内容不符合实际情况。在运维数据标准制定的过程中，缺乏对企业客观情况的认知，过于追求新技术、新理念，脱离组织实现的数据现状。

2）为了建标准而建标准。数据标准需要以痛点或价值驱动，让标准化能够起到统一数据认知、建立秩序、提高数据质量、指导信息系统建设的作用，避免流于形式，为输出标准文件和制度文件建立标准。

3）想通过一个项目实现数据标准化。运维数据标准是新的课题，标准化的建设是一个持续建设、不断调优的过程，它很难通过一个项目的方式全部完成，而是一个长期的、持续化推进的建设过程。

4）缺乏配套的资源及流程支撑。数据标准的落地，需要规划如何落地的具体方案，缺乏技术和业务的支持，缺少领导决策的支持，或缺少配套工作机制与流程，都将导致标准化的失败。

6.2.2　落地运维标准的系统化方法

在主流的数据标准方法中，建设数据标准首先需要明确标准化管理的组织或角色，负责数据标准的制定、决策、运营等工作。数据标准通常伴随着相关数据标准管理的制度规范，制度规范是推动数据标准化管理的保障。在实施上，主流的数据标准化方法包括：规划、编制、落地、增强的闭环。

标准规划解决基于什么背景，解决什么痛点，实施什么路线等问题。实施上，首先要清楚数据标准化解决什么数据问题，需要实现什么价值；其次是结合行业经验，收集参考标准，梳理数据标准建设的整体范围，定义数据标准体系框架和分类，并制定数据标准的实施路线。

标准编制落实标准的具体内容、参与人、权利与义务、流程等内容。根据数据标准体系框架和分类，先确定各分类运维数据标准的模板，然后由相关人员依据相关国标、行标、技术业务需求等调研结果，进行运维数据标准的编制，标准除了具体的内容要求外，通常还要包括有哪些参与角色，权利与义务是什么，涉及哪些关键流程。

标准落地执行规范的发布与运营工作。标准编制后，结合专家意见以及各相关干系人意见对数据标准进行修订与发布。同时，标准的价值体现在标准落地后，所以需要建立全面的标准运营工作，推动数据标准落地方案的执行，并对标准的落地情况进行跟踪及成效评估。

标准增强指根据实际落地情况与外部环境变化，持续优化修订标准。数据标准后续可能会随着外部环境涉及的政策、监管要求、业务发展、国标或行标等的变化，以及企业内部在实施过程中遇到的问题，对标准变更建立相应的管理流程，并做好标准版本管理工作。

从以上"规划、编制、落地、增强"的闭环，根据运维数据的特点进一步细化，形成了围绕"价值主张、标准化范围、投入分析、执行方案、技术赋能、标准运营"六个步骤的运维数据标准化闭环，如图 6-1 所示，每个步骤需要关注以下内容。

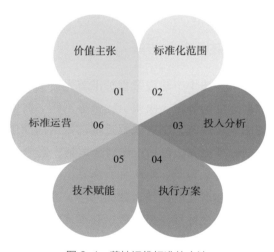

图 6-1　落地运维标准的方法

- **做好数据标准的价值主张分析**：明确在数据治理上有什么痛点，期望实现什么价值，解决痛点和价值获取要实现哪些标准化工作，目标是什么；

- **明确数据标准化的范围**：明确哪些数据需要标准化，数据来源在哪里，当前数据与目标差距在哪里，执行人是谁；

- **明确数据标准的投入分析**：数据标准化落地需要投入什么，有哪些干系人，对其他人或系统会产生什么影响，改造成本如何；
- **制定标准化的执行方案**：执行方案包括确定人员分工、资源管理、制定编写标准制度、发布方案、运营推广和系统改造；
- **技术赋能数据标准的落地**：需要提供什么数据标准管理工具帮助数据标准的落地，比如标准分类管理、标准增删改查、标准导入导出、标准评审、标准发布、标准版本管理、标准落地映射、标准落地评估、标准监控等功能；
- **落实数据驱动持续优化**：标准发布后，要将落实情况进行必要的数据埋点，基于数据驱动检验标准落实情况，跟踪、评估数据落地的效果，促进持续优化。

6.3　运维数据标准落地实践

运维数据标准是一套由管理制度、管控流程、工具平台、场景应用共同组成的体系，通过这套体系的推广，应用统一的数据定义、数据分类、记录格式和转换、编码等实现数据的标准化。在实施具体的标准化时，由于不同的数据类型涉及的标准差异比较大，建议以数据类型为切入点，比如日志数据、监控指标数据、报警数据、网络报文数据、用户体验数据、业务运营数据、链路关系数据、运维知识数据、CMDB、运维流程数据等。本章以日志数据为例，从价值主张、标准化范围、投入分析、执行方案、技术赋能、标准运营 6 个角度进行分析。

以运维日志数据的标准化为例，运维日志数据主要包括商业套件与应用两类日志，前者主要包括网络、服务器、操作系统、数据库、中间件等日志，这类日志相对标准化，部分日志还会遵循行业标准，这些日志的数据标准重点体现在数据的采集和加工过程的标准化；后者的应用日志缺乏标准化，数据标准的重点还应该增加日志内容的标准化。随着业务的发展与企业信息系统架构复杂性越来越高，运维在业务连续性的要求上，除了系统可用性保障基础以外，增加了对业务逻辑性、数据完整性等方面的保障要求。由于运维没有参与到软件的需求分析、系统设计、编码开发、质量测试等阶段，当系统交接到生产环境时，软件日志是运维了解系统运行状况的重要手段，应用日志就成为运维了解软件内部逻辑的窗口。

1. 应用日志数据的运维难点

在应用日志的应用过程中，运维通常会遇到不少痛点，比如每个系统的日志格式不一样，自动化建模困难；开发日志打印习惯不佳，可读性差，不利于问题排查；日志级别设置不正确，打印内容过多，影响应用性能；日志可靠性设计不佳，导致日志写入过多引发的磁盘写满异常等。

2. 应用日志数据的治理期望

对于应用日志，希望日志能够记录业务、中间件、系统等全链路信息，从而可以有效监控 IT 系统各个层面，调查系统故障，监控系统运行状况。利用日志，运维可以了解用户操作行为、服务请求调用链路、功能调用是否成功、失败原因等信息，这是监控、排障、性能分析的重要手段，可以帮助运维人员快速定位问题，早发现问题，早处理问题，维护系统健康。同时，深入挖掘日志的价值已经成为当前日志的研究方向，利用日志进行业务流程的挖掘，基于日志进行根因分析，利用日志进行故障预警，利用日志了解系统运行性能，辅助软件测试等也大大加深了对于日志的洞察。

6.3.1　运维数据之日志标准化的范围

梳理分析了对于日志的痛点与期望后，下一步我们将分析日志标准化的范围。框定日志标准的范围要从资源角度出发，先不要求全，而是要从分析痛点与期望的目标出发，围绕与目标达成最关键的核心日志进行分析。以基于应用日志的监控和故障排查的目标看，通常可聚焦在以下方面：

- 系统服务可用性感知
  - 应用服务可用性监控：能够从应用服务角度监测服务进程是否存在不可用或假死情况，若服务异常或假死可以考虑由另一个守护进程监控；

◁ 应用服务启动 / 停止 / 重启：在服务启停过程中，将启动的结果以及异常情况打印出来；

◁ 应用配置或依赖资源或缓存加载状态：将启动等环节的配置加载情况打印出来。

- 应用功能可用性感知

  ◁ 应用功能可用性异常情况：能够从应用功能角度打印主要业务功能运行异常；

  ◁ 重要交易（比如权益类交易）异常情况：能够从交易角度打印主要交易异常的情况，具体哪些交易需要打印此类日志，建议细化规则；

  ◁ 定时任务执行异常情况：对批处理任务的上游文件或数据到点未就绪、任务执行失败、批处理任务超时未完成、不影响作业的数据问题等打印日志；

  ◁ 应用重要状态异常：对应用系统重要的业务状态进行监测，比如签到状态、开业状态等打印日志；

  ◁ 数据同步异常：对重要的数据同步进行监测，对于数据同步程序未执行或执行异常等信息打印日志。

- 应用性能感知

  ◁ 极限值：对于应用系统设置的极限值，设计单独程序监测极限值的使用情况，并打印日志；

  ◁ 交易请求：对于交易请求，尤其是对于关联系统或模块的交易请求，在请求与返回时需打印相关信息，包括请求日志的请求时间、线程号 ID、请求报文等；响应日志的返回时间、线程号 ID、处理状态、返回码、响应报文等；

  ◁ 行情状态：对于行情站点数据更新的及时性、准确性进行监控，对于未及时更新的行情打印日志；

  ◁ 页面不可达等异常：对于 4XX、5XX 的 URI 资源不可达的异常进行监测。

- 高可用感知

  ◁ 架构高可用心跳机制：只针对由应用实现的高可用心跳机制。

- 重要业务参数变动感知
  - 针对业务参数修改（前端功能修改）：所有参数修改纳入用户操作流水，且可及时获知，流程则需要以下字段：修改时间、修改字段名称、修改人，以及是否修改成功。

6.3.2　运维数据之日志标准化的投入分析

与监控、IT 运营等工具产生的数据不同，日志打印是由研发侧执行的，运维在推动日志标准化时要借助一些契机。找契机可以从管理要求、技术门槛、流程准入和事件驱动的角度，并将标准化后的输出赋能给配合方等方式进行。以下我们梳理几点常用且好用的日志标准化的切入点。

（1）监管要求

这点在金融行业比较适用，以证券行业为例，2021 年 11 月，全国金融标准化技术委员会证券分委会发布了《证券期货业经营机构内部应用系统日志规范》，规定了证券期货业内部应用系统的日志管理、日志记录、日志存储、日志采集、日志监控、日志审计和日志销毁相关要求。在这个标准里面，我们可以根据标准的一些细则要求，与我们的价值主张分析的痛点或基础进行匹配，联合合规风控等角色推动日志标准。这类标准的意义可以让标准更加师出有名，减少推动日志落实过程中面临合法性方面的挑战。

（2）PaaS 平台构建

PaaS 平台，尤其是应用微服务平台的建设将带来应用上云的门槛，在结合这个技术门槛的机会中，制定应用日志规范是比较好的方法。如果将日志标准分为强制、推荐、参考三类要求，该环节制定的日志规范更强调强制性要求。这个环节制定的规范要更加细化、可执行，并围绕复杂分布式系统可观察思路，将日志更好地应用到平台的监控、故障处理等工具上。

（3）新系统上线

在软件生命周期中，越早落地日志规范，研发投入成本就越低。而且，新系统上线过程中，项目成员或供应商最重要的目标是成功上线，这个阶段提出的标准要求，能够更好地调动研发资源的落实。所以，运维要借助企业新系统上线前的项目立项、可行性分析、架构评估等评审机制，将日志规范的要求前移，强制相关应用日志策略的执行，要求新建系统必须符合日志数据标准，并在新系统上线前对其进行数据标准落地评估，若评估结果不合格，则令其整改。

（4）生产事件

与新系统上线不同，到了生产之后再让研发进行日志规范的优化会困难不少，但仍可以借助一些机制，比如生产故障后的问题改进，某些故障发生后监控发现能力缺失，排查定位手段缺失等进行整改工作。要落实日志规范的整改，需要将整改工作转化为线上问题进行闭环跟踪。

（5）工具赋能

工具赋能的方法，主要是找"志同道合"的研发团队负责实现日志的规范化，运维为研发同事提供基于标准日志扩展出来的工具，比如交易性能分析、订单交易量、异常功能号、耗时下降、新功能首笔发生等维度的分析看板。这个思路也是运维团队向主动服务化输出的工作思路，可以考虑优先与互联网、核心、平台等对性能、稳定性要求高且故障多的研发团队合作。

6.3.3　运维数据之日志标准化的执行方案

执行方案主要包括确定人员分工、资源管理、制定编写标准、发布方案、运营推广等方面，下面我们将聚焦在具体标准的方案上。在具体的技术方案上，建议采用以终为始的角度制定相关执行方案，以下以"利用日志数据建立交易日志全链路"为例。

这个需求的背景主要是由于微服务、容器等新型架构技术的流行，分布式系统环境的调用链追踪问题也变得愈加复杂。运维迫切期望对各业务的调用关系有精准、实时的掌握，但在实际工作中，即使是业务系统的开发者，也很难清楚地说出某个服务的调用链路，况且服务调用链路还是动态变化的，遇到问题也只能去查看代码。交易链路分析就是要将调用链日志与应用日志进行联动，调用链日志指全链路监控的拓扑以及单笔调用链数据，应用日志指系统分析日志以及追溯涉及的日志。比如，可以制定以下要求：

（1）各系统记录日志及每笔交易（请求与应答），记录成两条或者一条，如果为两条，其中每条必须包括 traceid 与 spanid。

（2）日志记录要求包括（日志记录字段须严格区分大小写和拼写）：

- traceid（必填）；
- spanid（必填）；
- parentspanid（必填）；
- starttime（span 开始时间，必填，精确到毫秒级，格式："yyyyMMddHHmmssSSS"）；
- endtime（span 结束时间，必填，精确到毫秒级，格式："yyyyMMddHHmmssSSS"）；
- errorcode（错误码，必填）；
- errormessage（错误信息，必填，错误码对应中文名称）；
- errortype（错误类型，必填；0 为自身，1 为非自身，2 为超时）；
- service（必填，用于判断同一个系统内部的不同服务，以大数据为例，可区分为数据前置、规则引擎、外部数据三种。如果系统内 service 唯一，则为新通信规范 6 位系统标识；如果 service 为多个，则在新通信规范 6 位系统标识后面增加自定义英文标识，例如 mbl001A，确保系统内的唯一性）；
- servicename（必填，service 对应中文名称）；
- interface（必填，用于判断同一系统同一服务下的不同接口 / 子服务，名称由各系统自定义，纯英文，确保服务内的唯一性）；
- interfacename（必填，interface 对应中文名称）；
- function（选填，用于判断同一系统同一服务下的不同方法 / 程序等，名称由各系统自定义，纯英文，确保服务内的唯一性）；
- productNo（产品码，选填，发起端必填）；
- productNoname（产品码对应中文名称，选填，发起端必填）；

- eventNo（事件码，选填，发起端必填）；
- eventNoname（事件码对应中文名称，选填，发起端必填）；
- attribute（业务属性摘要，选填）；
- remark（自定义，选填，各系统也可自己定义为多个字段，该值的目的为与原有业务日志进行关联）。

（3）日志格式：类 JSON 格式，按照上述字段顺序生成，每条日志为一行。

{"traceid":"XXXXXXXXXX" , "spanid":"MMMMMM",……}

{"traceid":"AAAAAAAAAA" , "spanid":"BBBBBBBBBB",……}

（4）traceid 与 spanid 的规则，如图 6-2 所示。

（5）日志生成与清理规则：按照日期与体积作为策略制定规则，每个文件不大于 128 MB，单个文件保留时间不少于 24 小时。

6.3.4　运维数据之日志标准化的技术赋能

数据标准的制定、落地和优化不仅需要流程机制的保障，还需要从技术层面提供必要的工具支持，工具的技术赋能主要包括：规范的管理、标准化工具和数据消费三个方面。其中，规范的管理偏线上化管理工具，主要功能包括标准分类管理、标准增删改查、标准导入导出、标准评审、标准发布、标准版本管理、标准落地映射、标准落地评估、标准监控等。本章聚焦在标准化工具与日志数据消费两部分内容。

标准化工具主要指为了规范更好地落地和配套的辅助工具，如 CMDB 的自发现、持续部署中的打包与配置管理等都是为了落实标准的工具。由于日志规范的落地，主要是为了更好使用日志工具对日志进行解析，并形成基于日志洞察的应用场景，所以落实应用日志规范的工具需要考虑基于企业统一日志平台，结合监控、运维数据分析等工具制定解决方案。首先，需要制定日志的索引命名规则、路径规划、格式要求、日志切割、消息队列等相关规范要求。其次，根据不同的日志类型制定不同的工具，以采集为例，系统或网络设备选择 syslog 插件采集，应用日志选择 Filebeat 插件等。利用工具可以更好地落地日志，并在线将日志标准化的成果进行输出。

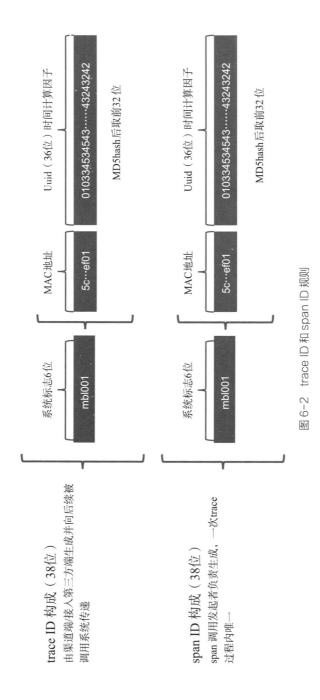

图 6-2 trace ID 和 span ID 规则

日志数据消费主要指利用数据消费，发现日志规范的执行问题，并为标准化的执行方带来标准化的收益。在没有统一的日志工具之前，我们通常采用 grep、awk 等命令直接检索日志，此方法在日志的使用上存在效率低下、日志量太大、归档麻烦、文本搜索太慢等问题，而且研发侧日志排查问题时需要经过复杂的流程找到运维。在这样的背景下，运维和开发对日志的管理和消费都有痛点。以日志消费为切入点，为运维提供可视化的日志配置管理功能，为开发提供更高效的日志检索消费功能，将有助于日志规范的落地。

6.3.5　运维数据之日志标准化的标准运营

标准的运营主要是持续推动标准的落地，跟踪标准落地的效果，并针对性地进行优化。以往在标准的运营上，主要靠人工收集数据来评估标准的执行情况，这种方式一方面不利于在线实时评估标准落地情况，另一方面线下的数据来源不可追溯。所以，在数据标准方案的推进过程中，需要进行必要的数据埋点，并能够自动化采集运营数据。以日志为例，为了推动运营日志规范的落地，组织需要建立相关的运营指标，并将标准化与具体的应用场景关联。我们以实现系统应用功能可用性感知为例，制定系统具备应用功能可用性的监控指标。

应用功能可用性感知是为了在日志中增加相关数据，只要满足这个标准的日志将自动获得相关应用功能可用性感知的监控能力。

- **应用功能可用性异常情况**：能够从应用功能角度打印主要业务功能运行异常（如情况异常，日志级别设置为 error）。

示例：[日志时间] [error] [类 / 函数 / 模块][线程号]：[功能号] [功能异常]XXXX 模块的 XXXX 功能异常，提示 XXXXXXXX/ 存在 XXXX 问题！

- **重要交易（比如权益类交易）异常情况**：能够从交易角度打印主要交易异常的情况，具体哪些交易需要打印此类日志，建议细化一个规则，比如从权益类、交易品种、涉及金额大小等维度（如情况异常，日志级别设置为 error）。

示例：[日志时间] [error] [类 / 函数 / 模块][线程号]：[功能号] [交易异常]XXXX 模块的 XXXX 交易异常，一笔委托订单状态为正报，提示 XXXXXXXX/ 存在 XXXX 问题！

- **定时任务执行异常情况：**对批处理任务的上游文件或数据点未就绪、任务执行失败、批处理任务超时未完成、不影响作业的数据等问题打印日志（除最后一种，其他日志级别设置为 error）。

示例：[日志时间] [error] [类 / 函数 / 模块][线程号]：[功能号] [定时任务文件或数据未就绪]XXXX 定时任务因文件未就绪执行失败，提示 XXXXXXXX/ 存在 XXXX 问题！

[日志时间] [error] [类 / 函数 / 模块][线程号]：[功能号] [定时任务执行失败]XXXX 定时任务执行失败 / 中断，提示 XXXXXXXX/ 存在 XXXX 问题！

[日志时间] [error] [类 / 函数 / 模块][线程号]：[功能号] [定时任务超时未完成]XXXX 定时任务超时未完成，提示 XXXXXXXX/ 存在 XXXX 问题！

[日志时间] [error] [类 / 函数 / 模块][线程号]：[功能号] [定时任务数据问题]XXXX 定时任务，存在数据问题，提示 XXXXXXXX/ 存在 XXXX 问题！

- **应用重要状态异常：**对应用系统重要的业务状态进行监测，比如签到状态、开业状态等打印日志（如影响业务，日志级别设置为 error）。

示例：[日志时间] [error] [类 / 函数 / 模块][线程号]：[功能号] [业务状态异常] 用户签到状态异常，提示 XXXXXXXX/ 存在 XXXX 问题！

- **数据同步异常：**对重要的数据同步进行监测，对于数据同步程序未执行或执行异常等信息打印日志（如同步异常，日志级别设置为 error）。

示例：[日志时间] [error] [类 / 函数 / 模块][线程号]：[功能号] [数据同步异常] 上一日新增用户未同步，提示 XXXXXXXX/ 存在 XXXX 问题！

有了上面的标准日志，我们就可以提前设计好"应用功能可用性异常监控指标日志""重要交易异常监控指标日志""定时任务执行异常监控指标日志""应用重要状态异常监控指标日志""数据同步异常监控指标日志"，运维可以方便地在日志工具中启用这类指标的监控。标准的运营方可以通过监控系统与 CMDB 的系统数据关联，对运营 KPI 指标进行分解，比如哪些系统的上述指标未启用，哪些系统指标已经启用，但是长时间未检测到异常告警，或哪些告警过于频繁等。

6.4 小结

- 数据标准通过统一的数据标准制定和发布，结合完善的数据标准管理体系，实现数据的标准化管理，保障数据的完整性、一致性、规范性，以支撑数据的采集、存储、计算、管理、使用的一致性。
- 数据标准对于企业级的系统数据整合、数据资源共享、系统集成具有重要意义。
- 数据标准分为数据结构标准、数据内容来源标准和技术业务标准。
- 运维领域的数据结构标准可以围绕以下 10 种数据形式，包括监控指标数据、报警数据、日志数据、网络报文数据、用户体验数据、业务运营数据、链路关系数据、运维知识数据、CMDB 和运维流程数据。
- 主流的数据标准化方法包括：规划、编制、落地、增强的闭环。
- 落地运维标准的方法可围绕"价值主张、标准化范围、投入分析、执行方案、技术赋能、标准运营"进行。

| 第 7 章 | C H A P T E R

运维数据安全管理

数字时代，每个人都是数据的生产者与消费者，数据流动带来数据的传播、共享、开放，让数据在流动中创造价值。但我们在享受数据价值的同时，也面临数据安全的挑战，比如数据更加散落分布、类型复杂多样、数据源众多，以及碎片化的数据对访问控制、安全审计管理提出了更高的要求；数据流动带来数据不断地被获取、加工、分享，当数据与第三方共享后，脱离了企业掌控，存在被滥用和泄露的可能。

同样，运维领域的数据安全治理也越来越迫切，一方面，运维数据量多且敏感，包括海量日志、业务运营流水、网络报文、客户体验、性能指标、配置管理等重要数据，是数据资产中重要的运营数据，有效保护这类数据对安全防护、敏感信息管理、合规起到至关重要的作用；另一方面，由于运维工作直接与生产系统接触，常规生产操作的行为合规、合理管理尤其重要，企业要对内部数据安全风险进行全面且平台化的管理。

考虑运维平台化能力的积累与成本，在运维领域推动数据安全治理工作，需要围绕在生产环境与 IT 运营服务管理中涉及的运维数据，包括基础设施层、平台软件层、应用系统层、业务及体验层和 IT 服务层的数据，实现更好地洞察生产环境运行状况，在应急保障、性能管理、容量管理、用户体验分析等环节进行数据安全治理。所以，运维数据安全治理是为了让数据更加安全，而采用的安全体系建设方法，应该包括数据安全治理组织、制度流程、技术平台体系，并围绕数据全生命周期构建，其场景涉及安全防护、敏感信息管理、合规三大主题。

7.1 数据安全治理概述

7.1.1 数据安全正面临更多的严峻挑战

随着数据作为生产要素的重要性凸显，数据安全的地位不断提升，尤其随着《中华人民共和国数据安全法》的正式颁布，数据安全在国家安全体系中的重要地位得到了进一步明确。在大数据时代，数据泄露风险增大、网络攻击事件频发、个人信息安全问题突出、企业内部数据安全存在风险，数据安全成为企业数字化转型的重大挑战。

数据流动引发的数据泄露风险增大。数据只有流动了才能产生新的价值，数据流动将是所有数据应用场景的主要表现形式。频繁的数据流动极易引发数据泄露风险，在数据生命周期的识别、采集、传输、存储、使用、共享、销毁等多个阶段，随着数据复杂性越来越高，数据流动越来越快，带来越来越多的数据非法复制、传播和篡改等泄露风险。

网络攻击多样化。各种新型的网络攻击技术不断涌现，对传统网络边界部署的网络安全设备带来挑战。攻击目的已从单纯窃取数据、瘫痪系统，转向干预、操纵分析结果等方面；攻击效果已从直观易察觉的系统宕机、信息泄露转向细小且难以察觉的分析结果偏差等方面；所造成的影响和危害已从网络安全事件上升到工业生产安全事故等方面。

个人信息安全问题突出。移动互联网以及当前万物互联的模式，一方面，通过分析海量数据，为用户提供了精准的推荐分析与定制化服务，使用户享受到生活的便捷；另一方面，面对数据应用场景下无所不在的数据收集技术以及专业、多样化的数据处理技术，特别是随着企业间的数据共享日益频繁，直接威胁到用户的隐私安全。

针对数据安全所面临的挑战，本书提出以数据安全治理为中心的安全防护方案，重点围绕数据全生命周期，梳理数据流转各个环节的安全防护措施，以解决数据安全领域的突出问题，有效提升数据安全治理能力。

7.1.2　数据安全治理已经受到高度重视

2021 年 6 月《中华人民共和国数据安全法》（以下简称《数据安全法》）正式颁布，标志着我国数据安全进入有法可依、依法建设的新发展阶段。《数据安全法》明确提出在坚持总体国家安全观基础上，建立健全数据安全治理体系，提高数据安全保障能力。由于数据本身具有流动性、多样性、可复制性等不同于传统生产要素的特性，数据安全风险在数字经济时代被不断放大，因此，对数据安全治理的要求也越来越高。

2021 年 4 月 27 日，为指导行业数据安全治理能力建设，促进行业数据安全治理能力发展，中国互联网协会发布了《数据安全治理能力评估方法》（以下简称《安全评估方法》）。《安全评估方法》以数据全生命周期的数据采集、传输、存储、使用、共享、销毁的安全治理能力建设为切入点，梳理数据安全治理能力级别并分级制定考核指标，以度量企业数据安全治理能力，具体包括组织建设、制度流程、技术工具和人员能力 4 个评估维度，18 个评估能力项，并分为基础级、优秀级、先进级 3 个级别。

2021 年 7 月 14 日，中国信通院发布了《数据安全治理实践指南（1.0）》（以下简称《实践指南》）。《实践指南》阐述了数据安全治理的内涵；从组织如何落实数据安全治理要求的角度出发，提出了数据安全治理总体视图；按照数据安全的治理目标、治理框架、治理实践路径分别提出落地建议，并对未来发展进行展望。此外，《实践指南》还收录了部分企业开展数据安全治理的实践经验。

7.1.3　运维数据安全治理的定义及内涵

Gartner 认为数据安全治理不仅是一套用工具组合的产品级解决方案，而且是从决策层到技术层，从管理制度到工具支撑，自上而下贯穿整个组织架构的完整链条。组织内的各个层级之间需要对数据安全治理的目标和宗旨取得共识，确保采取合理且适当的措施，以最有效的方式保护信息资源。

在《数据安全治理实践指南（1.0）》中，从广义与狭义两个角度对数据安全治理作了定义：广义地说，数据安全治理是在国家数据安全战略的指导下，为形成全社会共同维护数据安全和促进发展的良好环境，国家有关部门、行业组织、科研机构、企业、个人共同参与和实施的一系列活动的集合；狭义地说，数据安全治理是指在组织数据安全战略的指导下，为确保数据处于有效保护和合法利用的状态，多个部门协作实施的一系列活动的集合。

运维数据中包括日志、业务运营流水、网络报文、客户体验、性能指标、配置管理等重要数据，这些运维数据是企业数据资产中重要的运营数据，有效保护这类数据对安全生产、敏感信息管理、合规起到至关重要的作用。另外，由于运维工作直接与生产系统接触，对于常规生产操作的行为合规、合理管理尤其重要，企业要对内部数据安全风险进行全面的机制和平台管理。

在运维领域推动数据安全治理工作，需要围绕生产环境与 IT 运营服务管理涉及的运维数据，包括基础设施层、平台软件层、应用系统层、业务及体验层、IT 服务层的数据，以实现更好地洞察生产环境运行状况，在应急保障、性能管理、容量管理、用户体验分析等环节进行数据安全治理。

结合上面的定义，运维数据安全治理是为了让数据更加安全，而采用的安全体系建设方法，应该包括数据安全治理组织、制度流程、技术平台体系，围绕数据全生命周期构建打造的体系，场景涉及安全防护、敏感信息管理、合规三大主题。

7.2 运维数据安全分析

7.2.1 数据安全的五个影响阶段

数据生命周期管理（Data Life Cycle Management，DLCM）是一种基于策略的方法，用于管理信息系统的数据在整个生命周期内的流动：从创建和初始存储，到最终过时被删除，即指某个集合的数据从产生或获取到销毁的全过程。数据安全风险贯穿于整个数据生命周期。数据生命周期包括数据的采集、传输、存储、处理、交换（共享、应用）五个环节。

（1）采集阶段
- 运维数据的采集阶段主要指利用代理、接口、数据库等方式，采集生产环境和 IT 运营服务管理方面的数据；
- 采集生产信息系统、数据库等带来的性能影响；
- 生产环境各数据源服务器、网络设备等存在的未及时更新漏洞、主机补丁、病毒防护等；
- 采集数据涉及的权限控制、可信机器、流量控制等管控能力信息；
- 采集数据涉及的审计留痕，以及对非法数据采集的异常事件告警。

（2）传输阶段
运维数据传输主要指数据从一个生产对象传递到另一个生产对象的过程，比如应用日志从源应用系统服务器主机，通过主机代理采集后经过流式的传输通道，传输到消息队列，再由消息队列传输到集中日志系统，部分日志要进行加工处理再传输到运维数据平台等过程。
- 涉及多源的生产环境各数据源服务器、网络设备等存在的未及时更新漏洞、主机补丁、病毒防护等；
- 数据传输涉及的加密控制、权限控制、可信机器、流量控制等管控能力信息；
- 数据传输对网络带宽和性能的影响。

（3）存储阶段

运维数据存储在这里特指运维运行及运营数据的物理存储，在实施上包括根据运维数据热度的不同，对存储量、时效性、读写查询性能等差异性要求，并选择合适的存储技术，存储技术分为传统关系数据库、分布式关系数据库、NoSQL 存储、消息系统、文件系统等。

- 涉及数据存储的服务器、存储设备、网络设备等存在的未及时更新漏洞、主机补丁、病毒防护等；
- 数据库、分布式存储系统软件及硬件架构层面的高可用性；
- 数据明文或密文的存储管理；
- 数据存储涉及的权限控制、身份认证、审计等。

（4）处理阶段

运维数据处理是指对运维数据进行数据标准化、数据清洗、数据质量管理、元数据管理、ETL、数据模型设计等工作。

- 数据访问控制；
- 数据脱敏机制；
- 数据处理审计及异常操作告警。

（5）交换（共享、应用）阶段

运维数据交换主要指运维数据在不同的角色中转换的过程，主要影响因素包括：

- 数据交换权限控制；
- 数据访问控制；
- 数据脱敏机制；
- 数据交换审计及异常操作告警。

7.2.2　运维数据安全形势解析

与其他角色相比，运维肩负数据可用性保障底线的要求，具有直接接触数据的权限，从运维角度分析数据安全还包括以下几点需要重视：

- **数据介质可用性管理**。企业所有的数据都由运维组织管理，数据不丢、数据不乱是运维的基本底线。基础设施、平台软件等环节的保障不到位，都将影响数据库、文件、图片、日志等数据的可用性。

- **数据管控权限的管理**。运维工程师通常具备直接访问生产环境与数据的物理权限，如果运维人员操作失误或恶意操作，那么将给生产数据带来巨大的数据安全风险。

- **恶意攻击的瞄点**。数据中心管理企业所有的数据，基础设施、网络、存储、运维平台工具，甚至数据中心生产环境内的办公设备，都有可能成为网络恶意攻击的瞄点。

- **数据敏感性越来越大**。伴随着企业推动运维数据集中，建立敏捷的数据分析能力，原来海量、杂乱的数据通过加工后产生了高价值的运营数据，运维组织掌握的敏感数据越来越多，数据泄露风险也越来越大。

- **运维数据安全治理挑战大**。运维数据治理资源投入有限，要在资金不足的背景下，应对运维数据治理安全状况梳理工作量大、数据访问管控覆盖面广、安全稽核和自动化的风险监控等挑战。

- **运维数据安全治理技术难度大**。包括确定敏感性数据在系统内部的分布情况，关键问题在于明确敏感数据的分布；确定如何访问敏感性数据，掌握敏感数据以何种方式被什么系统、什么用户访问；确定当前账号和授权状况，清晰化、可视化、报表化地明确敏感数据在数据库和业务系统中的访问账号和授权状况，明确当前权限控制是否适当。

7.2.3　运维数据安全治理原则

运维数据安全治理涵盖 5 个基本原则，包括：

（1）聚焦生产环境数据与 IT 运营数据

在企业层面进行数据安全治理的工作，运维数据治理要专注于运维在生产环境下的基础设施、平台软件、应用系统、客户体验、IT 服务管理等数据。

（2）用好运维平台基础设施能力

运维组织在平台化建设阶段已经沉淀了大量工具平台，包括管理 IT 资产的 CMDB，管理流程的 ITSM，管理数据的运维数据平台，监测系统的监控系统等，要用好现有平台基础设施。

（3）以数据为中心

以数据为中心，首先要知道哪些数据需要安全治理，之后才能梳理出这些数据在采集、传输、存储、应用、共享、销毁生命周期中数据流动的具体环节。其次，由于不同环节的特性不同，面临的数据安全威胁与风险也大相径庭，所以需根据具体的运维管理场景和各生命周期环节，有针对性地识别并解决其中存在的数据安全问题，防范数据安全风险。

（4）建立协同网络

数据安全需要建立全方面协同的组织、流程、平台机制，打通跨组织之间的沟通协同，统一数据安全共识，实现一体化、全在线、数字化的数据安全管控机制。

（5）兼顾发展与安全

《数据安全法》提出的"坚持以数据开发利用和产业发展促进数据安全，同时也要以数据安全保障数据开发利用和产业发展"的数据安全治理并非强调数据的绝对安全，而是兼顾发展与安全的平衡。

7.3　运维数据安全治理体系

7.3.1　运维数据安全体系的架构

运维数据安全治理是为了让数据更加安全，而采用的安全体系建设方法应该包括数据安全治理组织、制度流程和技术平台，并围绕数据全生命周期构建打造，场景涉及安全防护、敏感信息管理、合规三大主题，如图 7-1 所示。

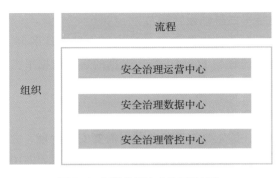

图 7-1　运维数据安全体系的架构

在组织层面，一是明确运维组织的数据安全治理决策团队、团队的职责分工，以及数据治理协同中关联团队在安全治理的职责分工；二是制定并落实数据安全治理规划，落实团队任务分工、考核、技能培训、权限设置、数据安全监督等。

在流程层面，一是建章立制，从规范上落地数据的管理办法、管理制度及流程、标准规范等，确保安全管理行为合法合理；二是建立全流程的数据安全管控能力，将数据安全管控的要求融入日常工作过程中，并以数据驱动安全治理运营能力的建设。

在技术层面，重点是建立相关的技术平台，并围绕全局性的数据访问控制、脱敏、加密、审计的平台能力，运维数据平台涉及的数据采集、加工、处理等环节的数据安全管控能力，以及上层的数据安全管控运营的分析工具应用三个部分开展工作。

7.3.2　运维数据安全的组织保障

数据驱动的工作模式将成为运维组织重要的工作模式，所以建立完整的数据安全管控协同机制是很有必要的，要保证机制有效落地则需要从组织架构层面提供资源支撑。组织保障的首要任务是设立专门的运维数据安全管控团队或岗位。管控团队或岗位的设立，在组织层面明确数据安全治理的政策、规划、规范、技术、落实和监督由谁负责。受限于运维组织人员规模，这个团队可以考虑是虚拟团队，由与运维数据安全密切相关的岗位专家担任，比如运维数据平台、数据库、网络安全、流程调度等岗位。为了让管控团队有效地运作下去，要明确职能与任务，量化治理工作落实效果，比如规范制定、规范监督、技术引入、持续优化等工作。

数据安全治理规划需要结合运维组织的体系规划，对当前面临的数据安全风险挑战与机遇进行分析，以制定组织在数据安全治理下的发展规划。落实规划，首先要基于运维体系规划，梳理运维数据的来源、内容、用途等，并以运维数据价值、敏感度等进行分类；其次，是对运维组织管理的数据资产进行梳理，对数据的存储状况、系统架构高可用、数据备份、网络安全防护等技术因素，以及数据分类、数据属性、数据被哪些对象使用、如何使用等管理因素，进行全方位的梳理。明确数据资产状况后，接下来针对数据生命周期，规划各环节的应对原则，明确合规、监管、风险等维度的安全治理目标。

7.3.3　运维数据安全的流程保障

数据安全治理已经上升到国家主权的高度，并分解到具体的各个行业、监管、企业，国家、行业监管、协会、企业都制定了相关法律法规与机制流程。数据安全治理的流程主要包括对运维组织的数据进行安全性分类分级，制定相应分类分析的防护策略与制度保障，形成数据全生命周期的安全管控，对管控效果定期检查、审计和评估，并将各项安全策略与架构落实到一体化的安全技术手段和安全服务措施中，形成全链路的数据安全治理流程。相关流程通常包括：

- 业务数据分类分级：数据资产梳理、业务安全梳理、敏感数据分级、风险分类分级等；
- 敏感数据控制策略：流程审批机制、身份权限管理、分级保障策略、风险管理策略等；
- 数据全生命周期管理：数据的应用、共享、存储、备份、销毁等。

7.3.4 运维数据安全的技术平台

技术平台是有效落实组织和流程涉及的各方面数据安全治理的支撑底座，需要体系化构建平台的能力。在平台层面，运维数据安全主要围绕"基础管控中心、数据中心、运营中心"三大中心进行建设，其中，基础管控中心提供数据安全治理的基本保障措施，包括数据分类分级、合规、监控审计、账户权限能力；数据中心围绕数据周期进行数据安全治理，包括数据的识别、采集、传输、存储、消费、共享、销毁能力；运营中心重点围绕运维数据安全的数据分析进行治理。

（1）基础管控中心安全治理

基础管控中心的数据安全能力展现数据安全治理的基本保障措施，具体包括：

1）数据分类分级。重点是明确企业运维数据分类分级的原则与方法，建立数据清单，对数据进行分类分级标识，实现差异化的数据安全管理。平台方面要支持数据资产的梳理，提供分类分级工具支持数据标识，并提供运维数据平台实现运维数据资产的有效管理。

2）合规管理。重点是企业运维数据安全建设符合国家法律法规、行业监管指引、企业合规风控等要求。平台方面要将合规要求融入运维工具与运维流程中，并建立合规评审工具，定期开展合规评估评审。

3）监控审计。重点针对数据全生命周期的数据流动进行监控与审计，包括人员对数据的操作行为，防范不正当的数据访问与操作行为，降低未经授权的访问、数据泄漏、数据滥用等风险。平台方面要提供实时与离线的数据监控与分析能力，对高风险、高敏感等数据进行监控管理。

4）账户权限。重点针对访问数据的账号管理和访问权限进行控制。经过多年的运维平台化建设，平台之间已经具备了互联互通的基础，建立统一的用户账户、认证、访问权限控制、密码管理等基础设施是平台化建设的基础性工作。

在实施上，上述能力需要进行统筹的工具建设，比如利用运维数据平台承担数据分类分级管理和数据资产管理，利用 ITSM 负责工单审批和供应商管理，利用监控与运维数据平台负责监控审计管理，利用统一日志与运维数据平台负责日志管理，基于中台的 API 网关、总线、统一认证等模块实现账号及权限管理。

（2）数据中心安全治理

数据中心安全治理围绕数据全生命周期的安全治理，即通过数据流动的全生命周期，对数据进行规范和约束，以降低数据安全风险。数据全生命周期安全包括：数据识别、采集安全、传输安全、存储安全、消费安全、共享安全、销毁安全等。

数据识别是运维数据安全治理的基础。运维数据作为企业运营数据的数据源，通过对关键数据的识别，建立数据在信息系统的发布、访问、授权等，能够针对性地对数据安全管控面临的安全风险进行有效的应对措施，避免关键数据遭破坏、泄露等风险。比如应用日志、信息系统运营流水等类型的数据包含客户资料、交易信息等敏感数据，配置数据包含信息系统拓扑关系涉及的安全信息，报文数据涉及实时交易请求的链路访问信息，需要建立不同策略的安全管控方式。

数据采集安全指为确保企业内部数据生产，以及从外部采集数据过程合规、合法、安全、可靠，采取的安全措施。在运维领域，数据采集通常包括两层含义，一层是专业工具利用代理或接口等方式采集源数据，比如监控工具采集系统性能指标数据，日志工具采集应用及系统日志数据，NPM 利用防火墙旁路采集报文数据；另一层是建立运维数据平台汇集专业工具采集的数据。由于目标数据端是生产环境，要建立高标准的采集安全治理，包括建立数据采集的可信管理、身份鉴定、源端生产环境的访问控制、流量控制、采集过程日志登记与监控审计等，另外，对于敏感数据要建立合规评估流程管控。

数据传输安全关注数据在传输过程中的安全性保障，比如采集数据加密保护、安全防护措施等。由于运维数据管理都是在生产网段中进行，网络权限通常比较大，容易因忽视传输过程的安全管理导致数据泄漏的风险。所以，在数据传输过程要建立传输两端的身份认证，并根据数据分级的类型制定数据传输的标准，比如网络报文数据加密传输。另外，基于运维数据平台API网关，梳理数据传输接口管控，建立接口调用的日志留痕、监控审计、限制控制等能力。

数据存储安全关注数据存储介质、数据备份、数据恢复的安全保障。运维存储安全是一个比较大的话题，包括在线数据的硬件存储可靠性、分布式存储系统可靠性，以及离线备份介质、数据备份系统、数据校验与数据恢复的安全性。随着运维数据分析能力的持续提升，海量运维数据的存储解决方案是一个难点，以应用日志为例，一个中型金融企业每天产生的应用日志就达10太字节，甚至几十太字节，这就需要兼顾性能、合规、监管等要求，根据日志类型建立分级存储策略。

数据消费安全指为保障在企业内部进行数据计算、分析、统计、可视化等操作过程的安全性，对数据进行分类分组，建立不同类别和级别的数据消费使用流程及安全评估机制。比如在金融企业中，运维组织经常会面临来自业务、司法、公安等方面的数据需求，建立历史数据管理中心，并配套数据脱敏工具，实现不同类别、不同级别的数据脱敏，或建立基于服务化的数据自助门户是运维消费安全治理的重点管理思路。

数据共享安全包括内部与外部共享安全，内部共享安全关注企业内部的数据流通安全保障建设，数据外部共享安全关注不同企业主体之间的数据流通安全保障建设。金融行业的数据共享主要是围绕内部安全，重点建立内部共享的评估、审批、脱敏、溯源等功能。另外，随着混合云模式和企业生态运营模式的发展，与外部的数据流通将会是未来的一个重点。

数据销毁安全关注数据及介质的销毁管理，使得数据彻底消除，无法通过非法手段恢复。在数据销毁方面，一方面要建立数据销毁的流程管控，确保进入销毁流程的数据得到有效的销毁；另一方面是建立数据有效期管理，以数据驱动推动数据按时销毁。

从上面看，运维数据全生命周期与流转的安全管理平台建设的共性包括数据层面的用户认证、权限控制及审批、行为审计、接口安全、数据脱敏、数据加密、数据隔离、数源认证、数据及文件销毁处置，以及工具应用层面的访问控制、应用通信加密、应用内容保护、应用攻击防护、应用特权防护等。在实施上，重点围绕运维数据平台、监控、日志、ITSM 等系统进行有针对性的数据安全管理。

（3）运营中心安全治理

数据运营中心安全治理指利用数据分析洞察安全风险，支持辅助决策，主要功能包括运维数据的资产管理、合规监管、实时监测等场景应用。在实施上，建立统一的运维数据平台，将数据安全关系指标化，并针对指标建立相关的可视化、实时监测、离线统计分析。

7.3.5 运维数据安全的实施路线

通过规划、梳理、建设、运营的实践路线，结合业务发展需要，从现状分析入手，结合组织架构、制度流程、技术工具、人员能力，构建相适应的数据安全治理能力。

（1）规划先行

数据安全治理是一项长期的、多团队协同的工作，启动数据安全治理工作前，必须制定相应的数据安全治理的规划，明确目标、任务、人员、协作方式、获得资源等。

（2）数据梳理

一方面需要明确数据存储方式、数据被谁使用、如何使用，即重点梳理数据、存储、系统、数据相关的部门、人员角色、分工、权利和职责等；另一方面需要明确敏感数据的分布，采用何种管控策略，脱敏与加密策略，数据访问控制等。

（3）围绕数据安全治理的全生命周期推进建设

围绕数据流动伴生的数据识别、采集、传输、存储、消费、共享、销毁环节进行安全治理，将数据安全机制融入人员、流程、平台的管理上。

（4）数据运营驱动安全治理水平持续提升

基于运维数据分析能力，发现运维数据安全风险，提供专项评估治理方案，并针对风险防范、监控预警、应急处理等内容形成一套持续化运营机制，再根据成效评估进行改进，以保障整个实践过程的持续性建设。

7.4 小结

- 运维数据安全治理需要聚焦在生产环境与IT运营服务管理涉及的运维数据治理。
- 运维数据安全治理是为了让数据更安全，采用的安全体系建设方法应包括数据安全治理组织、制度流程和技术平台，并围绕数据全生命周期构建打造，场景涉及安全防护、敏感信息管理、合规三大主题。
- 运维数据安全治理是一项长期的工作，应围绕聚焦生产环境数据与IT运营数据、用好运维平台基础设施能力、以数据为中心、建立协同网络、兼顾发展与安全的原则开展工作。
- 运维数据安全治理应重点围绕数据安全治理组织、制度流程和技术平台。
- 运维数据安全治理可以考虑规划、梳理、建设、运营的实践路线。

|第8章| C H A P T E R

运维数据质量治理

　　企业面临爆发式的数据增长，各行各业都在广泛地使用数据，建立在线的感知洞察能力，基于数据计算为企业提供决策支持并建立在线的决策执行跟踪，比如为特定的客户提供个性化服务和精准营销，基于数据决策建立新的交易模式，发掘新的需求和商业模式等。虽然我们从数据的使用中获得巨大的收益，但是在不断深入的数据消费中，我们也遇到一系列数据质量的问题，比如数据完整性、一致性、准确性、唯一性、关联性、真实性、及时性的问题。以运维监控数据分析为例：

　　场景一：在建立运维动态基线过程中，由于部分时段的数据缺失产生的数据完整性问题，会导致基线数据误差大和基线不准的情况。

　　场景二：在进行监控告警收敛、丰富或多维监控指标异常检测时，由于不同监控工具采集的数据频率不同，带来数据一致性的问题，会导致关联关系有误的问题。

　　场景三：由于对监控告警数据缺乏运营，变更维护期告警未关闭等情况，监控误报率过大，带来数据真实性的问题，会导致基于监控告警数据的分析错误率高的问题。

场景四：不同监控工具对于某个业务的关键指标设计不一致，监控性能指标数据无法共享，导致出现数据孤岛，无法互联互通。

数据质量问题场景，不仅导致数据分析场景不可用，无法通过数据得出有用的数据分析，甚至可能得到错误结果并导致决策失误，还可能导致用户对运维数据分析的可靠性、实用性等产生信任危机，阻碍运维组织向数据驱动转型。数据质量的管理需要引入运维数据质量治理工作，建议以解决实际业务场景为目标，围绕数据管理生命周期，以影响数据质量的问题因素为切入点，综合运用管理、流程、平台的数据质量管理措施。

8.1 数据质量治理概述

8.1.1 运维数据质量管理释义

数据是数字化运营与数字化业务的核心原材料，要让数据有效产生业务价值并实现业务目标，需要有高质量的数据。高质量的数据对管理决策和业务支撑有极其重要的作用，并为运维数据挖掘、预测、数据分析算法的合理使用、多维查询、即席分析、数据可视化等工作做好支撑。数据质量不高表现为数据以多种格式、杂乱无序地存在于内外部的各个业务应用系统中，无统一数据源，数据分析可用的准确数据无法识别，展示信息不准，很难有效地支持领导决策。遗憾的是，很多项目在初期并没有考虑数据质量的治理，很多数据质量问题在项目实施后期才发现，数据质量问题直接导致了数据类项目的失败。数据质量问题除了项目平台设计缺失以外，还反映出组织架构与流程设计的问题，组织需要建立有效支撑数据质量管理架构且基于数据闭环的运营流程，以支撑数据质量管理。

数据价值主要体现在数据流动应用中，而高质量的数据对在线感知、准确决策、跟踪执行三个闭环能力有极其重要的作用，数据质量是数据治理中的重要标尺，只有建立持续优化完善的数据质量管理机制，才能为企业数据战略提供坚实的保障。百度百科对数据质量管理（Data Quality Management）的定义为，对数据从计划、获取、存储、共享、维护、应用、消亡生命周期的每个阶段里可能引发的各类数据质量问题，进行识别、度量、监控、预警等一系列管理活动，并通过改善和提高组织的管理水平使得数据质量获得进一步提高。

从定义看，数据质量管理的关键词主要围绕数据管理生命周期、影响数据质量的问题因素和管理 + 流程 + 平台。所以，我们将运维数据质量管理定义为：围绕运维数据生命周期，从组织、流程、平台三个维度建立的识别、度量、监测、运营、改进的数据质量管理。

8.1.2 运维数据质量面临的挑战

数据质量问题最直接的影响是数据分析场景不可用，一方面会导致数据分析处理逻辑失效或不可用，数据无法共享带来数据孤岛，运维工具间无法互联互通；另一方面会导致数据洞察感知有误，而错误的数据洞察感知，会影响数据决策，导致决策失误。另外，基于数据驱动的运营模式是对现有经验驱动运营模式的转型，为了推动转型的顺利落地，需要让数据驱动价值真正赋能员工，而数据质量问题将导致员工对运维数据分析的可靠性、实用性等产生信任危机，阻碍运维组织向数据驱动转型。

提升数据质量是一个综合性的治理工作，现阶段面临如下挑战：

- 数据源众多，结构不标准。运维数据来自多种监控工具、平台软件、应用系统、运维平台等系统或工具，由于标准不统一，大量不同的数据源之间可能存在冲突、不一致或相互矛盾的现象；
- 研发涉及的数据标准不够。在当前系统更新升级加快和应用技术更新换代频繁的背景下，数据源的软硬件供应商或企业内部自研团队，由于发展迅速，市场庞大，厂商众多，直接产生的数据或者产品产生的数据标准不完善，研发管理标准化或数据层面的标准化不够，数据质量要求被忽略，缺乏全面的校验流程，使得数据质量长期处于"救火"状况；

- 海量、高速的数据带来技术管理困难。运维规模大、非结构化、高速产生，对数据获取、存储、传输和计算等过程的质量管理带来技术挑战，采用传统人工错误检测与修复或分区以脚本匹配处理的方法，无法解决当前数据质量的管理问题；

- 缺乏数据质量管理的专业人才。数据质量管理是一个长期且持续优化的过程，需要建立专门的运维数据质量管理岗位或团队，从制度、流程、技术多个维度制定数据质量管理机制，能够持续有效地进行数据审核纠错，但当前运维组织普遍缺少这种岗位；

- 数据质量管理投入不够。数据质量管理成本比较高，短期见效不明显。成本上，数据管理涉及运维数据标准的制定、规范的落地、生命周期的管理等多个环节；而见效上，数据质量产生的效益需要一个积累的过程。

另外，还有其他一些因素也会导致运维数据质量问题，比如新的基础设施或平台升级、运维操作不规范、应急数据维护方案不完善、数据质量标准化缺失或执行不力等，也是当前运维数据质量管理急需解决的问题。

8.1.3 影响运维数据质量的因素

从上节中，我们可以看到数据质量问题可以产生于从数据源头到数据持久化存储介质，以及数据应用等各个环节。比如，在数据采集阶段，数据的真实性、准确性、完整性、时效性都会影响数据质量；在数据加工、存储阶段，数据维护与生产变更工作也会引发数据的质量问题。也就是说，运行、研发/设计、组织、流程四个方面的因素都有可能影响数据质量。

（1）运行角度重点关注变更、数据非功能性标准、基础架构

包括的因素有：变更涉及的方案评审，如应用功能数据质量的校验，数据维护方案的完整性等；数据非功能性标准涉及的应用日志、监控告警、网络报文、性能埋点、运营流水等的标准制定与执行评审；基础架构在网络、硬件服务器、OS、数据库、中间件等涉及的数据质量管理。

（2）研发 / 设计角度重点关注应用业务功能与数据模型设计

包括的因素有：业务功能的产品设计、功能埋点、数据有效性校验、数据完整性、数据精确性、数据持久化等；数据模型设计层面对元数据与主数据的定义、模型设计、数据加工计算方式等。

（3）组织角度重点关注人员的能力与态度

包括的因素有：能力上的技能培训、上岗培训、进修、持续学习；管理上的责任心、目标与优先级管理；考核上的奖励、责任、反馈。

（4）流程角度重点关注数据、协作、设计

包括的因素有：数据流动涉及的及时性、完整性等；协作流程上的流程设计、流程运营、流程优化等；流程设计上的配置、测试、复核等。

8.2　运维数据质量管理分析指标

为了形成有效的运维数据资产，要明确数据质量管理目标，控制对象和指标，定义数据质量检验规则，执行数据质量检核，产生数据质量报告。而影响数据质量的因素很多，要推进运维数据质量持续提升，就要建立分析运维数据质量的指标。在大数据领域，数据质量分析指标的内容主要包括：完整性、一致性、准确性、唯一性、关联性和及时性。其中，完整性主要解决所需数据是否同时存在，一致性主要解决同样的数据在不同系统中是否一致，准确性主要解决数据是否反映客观事实，唯一性主要解决数据是否存在重复与冗余，关联性主要解决数据源之间的数据是否存在关联关系，及时性主要解决数据是否可以在线获得。结合运维数据的特点，影响数据的完整性、一致性、准确性、唯一性、关联性、及时性分析指标的原因如下。

（1）数据完整性

数据缺失是运维数据完整性的最主要表现，可能是整个数据的记录缺失，也可能是数据中某个字段信息的记录缺失，或在数据流动过程中丢失了部分数据。数据缺失主要是由于数据模型设计不完整导致，比如唯一性约束不完整，数据属性空值，功能设计缺陷导致数据未记录，数据维护或迁移方案不完善导致部分表数据未修改。数据完整性要求运维人员更加靠近业务，推动运维前移到测试和研发设计阶段。

（2）数据一致性

数据一致性主要体现在数据流动中，多个副本数据存在数据不一致、数据内容冲突的问题。数据不一致的直接原因是同一份数据在不同信息系统中的数据模型不一致，比如数据结构不同、约束条件不对、数据编码不一致、命名与定义不一致等。而造成不同系统的模型不一致的根因，是因为制定并遵循了不统一的运维数据规范。当然，由于不同系统的数据应用也不同，这里的一致性并不要求数据绝对相同，而是要求数据收集和处理的方法及标准一致。在运维平台建设中，像CMDB、身份账户、组织架构等信息的数据一致性尤其重要，因为这类数据是工具间互联互通的纽带。

（3）数据准确性

准确性是指数据信息是否存在异常或错误。生产环境是一个极为严肃的工作环境，运维数据可能应用在效率与成本等运营分析上，也可能应用在生产故障应急这样争分夺秒的环节中，不准确的数据将导致决策失误，并带来重大安全隐患或延误时机。准确性的评价指标包括缺失值占比、错误值占比、异常值占比、抽样偏差、数据噪声等。以应急管理场景为例，如果监控告警数据长期不准确，一方面会导致基于监控的响应不及时，且过多的误告会导致员工不信任监控；另一方面，错误的告警数据对于监控告警基线会产生错误的引导，影响基线的正确性。

（4）数据唯一性

唯一性用于识别和度量重复数据和冗余数据。重复数据会导致权益交易、运营计算、流程追溯、账务核对等多方面的问题，比如在进行交易系统运营流水异常感知分析时，通常采用"比不同"的方法，对比上一工作日某个时段的交易数量，如果在采集数据时因为重复采集的原因导致数据多了一倍，那么在感知分析时将产生异常感知误报。

（5）数据关联性

数据关联性包括数据结构层面的关联与数据对象层面的关联。前者主要指在数据模型中的函数关系、相关系数、主外键关系、索引关系等。数据对象层面的关联主要指运维对象之间的关系链路，比如基础设施、平台软件、应用系统、业务功能之间部署的纵向关系，以及上下游服务之间调用链路的横向关系。因为架构越来越复杂，以可观测为代表的解决方案越来越强调数据的关联关系。

（6）数据及时性

数据实时场景多是运维数据分析的特点。及时性是指运维工程师与运维平台能够在线获得数据，所以当前运维数据平台的解决方案越来越重视实时流式处理技术，并提供在线的数据同步和消费能力。

8.3　运维数据质量管理方法

8.3.1　构建三位一体的运维数据质量管理

全面提升运维数据的完整性、一致性、准确性、唯一性、关联性、及时性指标是运维数据质量治理的技术目标，可以从组织、流程、技术三个维度建立三位一体的运维数据治理方法，如图 8-1 所示。

（1）组织建设的重点是建立数据质量管理的责任体系

运维数据质量管理是一项不易快速输出显性效果的工作，且是一项持续建设的工作，要有效落实相关工作必须要建立对应的管理职能与职责评估机制，明确整个运维组织，甚至研发、测试等团队在运维数据质量的目标制定、规范制定、评估流程、问题处理、评估考核、数据消费、运营支持等方面的职责。鉴于运维组织的规模，建议公司或 IT 部门领导担任运维数据治理整体决策角色，设立相应的牵头数据质量管理岗位负责整体数据质量治理的运营管理，并组建运维数据质量治理小组，将与数据质量管理的各项工作统一纳入管理。

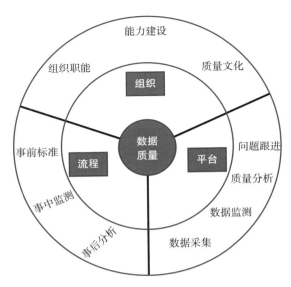

图 8-1　三位一体的运维数据治理方法

（2）流程建设的重点是建立数据质量管理闭环

质量管理流程闭环可以从事前、事中、事后三个环节分析。事前的重点是定义运维数据的规范标准，一方面包括 CMDB 配置数据规范、告警接入规范、应用日志非功能标准等规范，另一方面是定义对运维数据的自动化监控规则，提前制定指标与数据对象在完整性、一致性、准确性、唯一性、关联性、及时性的评价指标。事中的重点是对运维数据生产过程的管理，一方面是围绕运维数据采、存、算、管、用的过程的流程设计与管理，另一方面是推动源端系统生产数据涉及的业务和技术流程的有效性。事后的重点是针对运维数据质量问题使运维数据质量持续提升，并基于完整性、一致性、准确性、唯一性、关联性、及时性的评价指标进行历史趋势、异常查询、数据质量表覆盖率等维度的分析。

（3）平台建设的重点是赋能运维数据质量管理

数据质量管理平台应提供标准定义、质量监控、绩效评估、质量分析、质量报告、重大问题及时告警、流程整改发起、系统管理等运维数据质量管理全过程的功能。平台的第一要务是赋能组织能够有效地落实流程，为运维组织不同角色提供在线的运维数据质量管理工具，比如建立线上化与自动化的质量检查规则库与工具，以减少手动工作量，提升效率，减少误差，当遇到数据质量问题时能够及时警告，并出具全面的数据质量体检报告，形成标准定义、质量监控、质量分析、问题告警、数据运营的数据质量管理闭环。

8.3.2　建立体系化的运维数据质量组织管理

随着运维数据的广泛应用，有不少数据质量问题影响了数据洞察及决策的准确性，由此开始了运维数据治理工作，但由于缺乏体系化的组织管理，在数据质量管理方面存在方法论不够、沟通成本高、职责不明确等问题，以下从职责、能力、文化三个方面介绍质量管理的组织建设。

（1）组织职责

运维数据质量管理需要建立明确的数据质量管理职责，包括运维数据质量管理角色与运维数据质量业主角色。

运维数据质量管理角色是数据运营管理 Owner。通常来说，应以公司或 IT 负责人作为数据质量决策层角色，以运维工具或数据平台团队负责人作为数据质量技术平台支持角色，并设立运维数据质量运营岗位角色负责整体运维数据质量的运营管理。运维数据质量运营岗的具体工作职责包括：建设和优化运维数据质量管理体系，解决跨系统的数据质量管理问题，设计运维数据质量目标与绩效指标，规划运维数据管理工作，分析数据质量监测度量，开展组织数据质量度量工作，发布运维数据质量度量报告，验收数据质量问题闭环状况，推动数据质量管理奖励及问责等。

运维数据质量业主角色是数据本身质量的 Owner。通常，数据业主是数据的生产者角色，最熟悉具体领域的数据，并对数据生产的源系统有管控能力。业主角色要负责所辖领域的数据质量管理工作，落实数据质量管理角色设定的数据质量目标，制定数据质量标准及测评指标，推动问题闭环管理，并对数据质量度量结果负责。比如，数据库管理员要为数据库监控工具告警数据、CMDB 数据和集群数据负责，业务运维要为应用性能、业务监控数据的质量等负责，研发团队要为应用日志、应用系统运营流水等数据负责。

（2）能力建设

运维平台的互联互通、故障的发现与应急、系统的性能与容量分析等对运维数据的质量要求很高，但实际应用过程中经常会发现数据质量问题。因此，运维组织应以数据团队与工具建设团队来各自主导数据质量的运营工作。

以 CMDB 为例，大部分解决方案都提供了配置数据建模、配置数据自发现、配置数据开放 API 等能力，当前运维组织最缺乏的是配置数据质量运营的管理。CMDB 配置数据在运维平台化阶段，重点作为平台互联互通的枢纽，配置项对象数据和对象之间的部署关系数据是平台互联互通的关键，比如当发现故障时要能够辅助快速定位到具体的运维对象实体，并辅助发现业务的上下游关系链路，此时的配置数据质量运营重点是能够基于事前制定配置数据的责任制、设计影响数据质量的监测点等，事中发现配置数据黑户等，事后持续分析配置数据质量、推动配置数据的修正、优化影响配置数据质量的工作流程及系统设计等工作。CMDB 数据质量的事前、事中、事后管理能力，也适用于监控指标、告警、性能、报文、日志、运营等数据的质量管理。基于人才、成本、可行性的考量，建议由运维数据质量运营岗位牵头推动统一的数据质量管理专业的能力建设，包括培训、工具建设等工作。

（3）文化建设

工作流程或工具能够通过线上化或自动化的规则限制运维数据质量问题的发生，但除了管控与技术角度的方法外，还需要将数据质量文化融入组织中。比如，丰田的精益生产文化就深入到企业经营的每一个层次，将质量意识深入到公司各级管理层与一线装配线的工人。良好的运维数据质量文化表现为质量和运维目标的一致性，运维团队专注于持续改进和自我激励，并将质量观念融入员工的日常工作，员工敢于指出错误并提出改进建议，每个人都了解其工作对于整个运维数据质量体系的重要性。只有建立良好的数据质量文化，才能更好地获得组织成员的支持，让流程与工具更好地落地。

8.3.3　制定数据质量管理流程闭环

运维数据质量管理建设工作贯穿整个运维数据平台建设的全过程，是运维数据或智能运维工作的指导和规范，要构建完整的运维数据质量管理流程闭环。运维数据质量管理流程闭环包括事前质量标准，事中质量监测，事后质量分析。

（1）事前质量标准

运维数据质量是一个持续推进的过程，涉及运维、研发、测试、产品等多个内部团队，以及外部供应商的标准化。要让整个数据质量管理的流程闭环顺畅地落地，需要建立完善的数据质量标准。在建立运维数据质量标准时，由于行业现有的数据质量标准偏向于理论，而不同企业的运维组织实际情况不同，运维工作流程也不同，还要在组织建立细化可实施的质量标准。建议质量标准包括：

- 定义术语和数据标准管理。包括定义术语，如命名规范、存储形态、编码要求、运维算法等，数据标准管理主要指为数据规划和数据设计开发提供支撑的标准依据。

- 源端数据生产的质量标准。包括 CMDB 配置管理、应用日志、监控告警、业务系统运营流水、应用网络报文等源端系统的数据质量标准规范，并根据标准在技术层面配套相应的数据质量监测。

- 加强应用系统设计规范。这点需要推动研发侧的质量管理，强化数据标准在模型设计、数据设计、前台功能设计上的落地，确保数据在规划、设计、产生阶段的可靠性。

- 数据开发过程的质量标准。包括业务系统、"监管控析"工具采集获取，以及外部数据和人工录入数据的工作流程与工作标准，以指导数据开发阶段的工作。

- 数据处理过程的质量标准。包括对源端数据在数据抽取、转换和加载过程的数据标准，为运维数据处理工作提供规范化指导。

- 数据存储的质量标准。包括经过运维数据处理规则后的数据形成数据中台或指标体系，支持实时数据库、关系型数据库和文件存储系统的标准格式规范。

- 数据应用的质量标准。包括运维数据门户、指标体系、数据可视化看板、工具应用等运维数据服务应用涉及的标准，以及规范数据服务接口、消息推送服务、统计报表等数据应用。

（2）事中质量监测

事中的数据质量管理，是为了让运维数据质量问题由被动发现向主动发现转变，而事中的质量监测则是主动发现的重要手段。质量监测从管理角度可以考虑基于"完整性、一致性、准确性、唯一性、关联性、及时性"6个质量评估指标的大方向，分为更细化的监控指标，在技术实现上可以参考运维业务功能监控的思路，主要方法有：

- 数值监测：设置固定阈值，检查单个运维数据质量指标的异常和突变等情况，比如基于数据库 SQL、日志关键字等方法；
- 波动监测：设置动态基线，比如同比、环比，或者智能化的基线，监测质量指标的同比或环比波动率与基线的偏离度；
- 关联监测：进行多维指标监测，即将多个质量监测指标进行组合式的监控；
- 完整性监测：通过数据量、分布率、文件是否存在等方式，对数据完整性进行监测；
- 及时性监测：通过接口、时序数据等方式，监测数据的及时性、有效性和性能，比如监测文件接口采集程序是否正常启动；
- 可用性监测：对与数据生命周期相关的采集、存储、计算等服务进行监测，以发现可用性问题。

（3）事后质量分析

事后质量分析同样需要围绕"完整性、一致性、准确性、唯一性、关联性、及时性"6个质量评估指标进行运维数据质量分析。运维数据质量运营岗需要建立持续性的事后质量分析机制，重点包括以下环节：

- 梳理数据质量分析指标，评价数据质量的数据来源，选取或者建立分析及评价方法；

- 明确数据质量分析的数据评价对象和范围；
- 建立持续运营分析的运维数据质量分析工作机制；
- 输出质量结果和报告，发现数据质量问题，并跟进任务；
- 优化数据规范、组织机制、工作流程、工具平台等。

8.3.4　数据质量全生命周期的技术平台思路

为快速体现运维数据治理效果，建议采用"小步快跑"的方式，识别重点应用场景的数据质量问题，通过对指标数据从业务源头、责任源头、技术源头追根溯源，定位数据质量问题产生的根因，对指标数据的业务要求规范、数据责任归属、数据技术流向进行溯源，实现快速归因和及时治理。技术平台是为了数据质量组织能够有效地落实质量管理工作流程，并实现赋能的作用。从功能角度看，数据质量管理平台应提供标准定义、质量监控、绩效评估、质量分析、质量报告、重大问题及时告警、流程整改发起、系统管理等运维数据质量管理全过程的功能。

在实现上，运维组织应该成立相关平台建设项目组，梳理组织目前对运维数据质量管理的需求，并根据需求制定或选型技术平台。通常来说，平台还要以数据标准作为数据检核依据，将数据采集、数据监测、质量分析、问题跟进与解决的流程进行整合，形成数据质量全生命周期管理。

在技术平台构成方面，建议将质量管理平台能力与现有的运维平台体系结合起来，根据投入与资源情况，选择采用分而治之或集中治理两个思路。分而治之的重点是将数据质量的管理归到具体的系统，比如 CMDB 系统负责配置质量治理，日志系统负责日志质量治理等；集中治理的方法是建立统一的数据平台或数据管理平台，由平台提供统一的数据质量管理。

（1）数据采集

要进行数据质量管理，首先要在线获得数据，所以需要构建在线运维数据采集能力进行数据采集。区别于运维数据平台的采集，根据不同类型的质量管理需要，数据采集可以考虑非全量、实时的数据采集，采用样本数据采集。同时，从采集数据的内容看，基于元数据、主数据的采集将是一个较好的切入点，其中以 CMDB 及关系数据为中心的元数据可以帮助更好地获取运维数据的定义，以运维指标体系为中心的主数据采集则可以实现更好的关键数据质量管理。

（2）数据监测

采集数据后，下一步就要建立在线的数据质量监测。理想情况下，在软件系统建设阶段即设置数据检查监控点，并对监控点与数据源进行比较分析。由于运维组织已经具备大量业务层与数据层的监控工具，将监控与运维数据平台相结合，将有助于更快地落地数据监测能力。在技术实现上，建议基于"完整性、一致性、准确性、唯一性、关联性、及时性"6 个质量评估指标，细化监测指标，提供事先定义规则、调度时间和工作流程，自动完成数据的质量监测，减少人工巡检投入和过程干预，提升效率，并将异常数据通过工单、任务、告警、短信、电话等多种渠道触达数据的业主角色，让用户及时了解到系统检查结果，避免重大问题的延误。

（3）质量分析

质量分析重点强调综合性的运维数据运营质量分析。在分析的方法上要对重要数据维度的数据质量情况进行分析，比如基于"完整性、一致性、准确性、唯一性、关联性、及时性"的整体性分析，基于某一类数据或某一个系统等维度进行问题与趋势分析，以便质量运营分析角色与数据业务角色能够有针对性地进行质量改进。为了方便用户使用，应该建立能提供多种主题的统计分析报告和看板，支持不同角色自定义扩展符合自身需求的质检数据，满足用户的个性化需求，此时引入低代码、可配置的解决方案是必要的技术实现方式。

（4）问题跟进与解决

实时监测与质量分析都是为了通过对运维数据的洞察，发现质量问题，并进行质量优化。决策的下一步需要落实执行，管理的规范与流程机制能够为问题跟进提供指导意见，还要根据线上化流程控制工具与基于数据的分析提升问题的跟进效率。线上化流程控制工具可以考虑结合任务、问题工单等方式将待执行的决策线上化，落实到具体的责任人。

8.4　探讨运维数据质量监测平台的技术实现

8.4.1　质量监测平台建设思路

（1）质量监测平台面临的挑战

随着企业业务拓展与数字化转型的推进，企业系统用户数量极速增加，系统监控数据以 TB 级别飞速增长，同时虚拟化与容器技术广泛应用，IT 系统架构日益复杂，许多企业借用多个运维工具监控业务系统，获得不同类型的数据，以满足日常运维的需要，运营与业务人员需要快速得到运维数据的分析结果，以进行市场决策，因此，处理海量且离散的监控数据需要更加高效，运维数据处理过程中面临的主要挑战包括：

- 监控种类繁多：系统架构复杂，传统架构、私有云、公有云架构等共存，网络设备、存储设备、安全设备等种类繁多；
- 监控数据平台分散：多个监控平台并行，监控资源对象缺乏统一定义，各技术部门沟通缺乏统一数据依据；
- 数据类型复杂：海量数据来源类型多，数据结构复杂，分析计算困难；
- IT 资源散落：IT 资源散落，无从查找关联关系，当某个对象出现问题时，难以定位引起问题的关联对象。

综上所述，当建设好一个立体化的运维监控平台之后，必须保证这套系统的可靠性、数据质量和数据安全，这样才能放心地将它应用于实际生产中，而这套系统本身也需要一套监控系统进行日常的运维，为了监控得及时有效，可以选择建设一个自运维方案，通过第三方系统来监控这套监控平台。

（2）建设原则及目标

对运维数据分别从计划、获取、存储、共享、维护、应用、消亡的各阶段可能引发的各类数据质量问题，进行识别、度量、监控、预警和处置，使得数据质量进一步提高，数据监控管理主要包括以下原则：

- 精确度：度量数据是否与指定的目标值匹配，如金额校验，校验成功记录数与总记录数的比值；

- 完整性：度量数据是否缺失，包括记录数缺失、字段缺失，属性缺失；
- 及时性：度量数据达到指定目标的时效性；
- 唯一性：度量数据记录是否重复、属性是否重复，以及常见度量为hive表主键值是否重复；
- 有效性：度量数据是否符合约定的类型、格式和数据范围等规则；
- 一致性：度量数据是否符合业务逻辑，并针对记录间的逻辑进行校验；
- 安全性：企业可根据运维部门架构或人员角色进行数据隔离，控制不同人员可查看的IT资源类型或数据范围，避免隐私数据被查看。

8.4.2　数据质量保障

数据从产生到最终被消费使用经过了一个很长的链路，而这个长长的过程可能会使数据在真实性、完整性、一致性、准确性、唯一性、关联性、及时性等方面存在风险，所以在运维数据平台中增加数据质量监控很有必要。

数据质量监控通过对数据表和表字段进行一些检查规则的设置，通过调度定义的规则对数据表中的数据进行质量检查，最终汇总形成质量报告，另外也可以将质量监控与平台的监控中心进行对接，将检查结果上报到监控告警中心，当有质量问题时能及时通知相关人员进行处理。

数据质量监控分为指标采集、质量看板、监控告警三个部分，如图8-2所示。

指标采集的过程首先要分析质量监控的需求，在系统中定义质量规则，并结合业务来评估其要监控的质量指标，然后配置相应的指标采集任务后，调度器会触发对数据表的质量检查，进而得到相关指标数据并上报，为数据质量分析提供可靠的信息。另外，为了尽早或更有效地发现问题，也可以在数据流转环节的关键点上设置采集任务，通过在采集点处采集质量数据并进行统计分析，也可以得到采集点处的数据分析报告。如图 8-3 所示，通常情况下，我们除了对数据表中已经入库的数据做检查以外，还会通过采集 Kafka 上的 topic 数据消费堆积情况来判断数据的时效性。

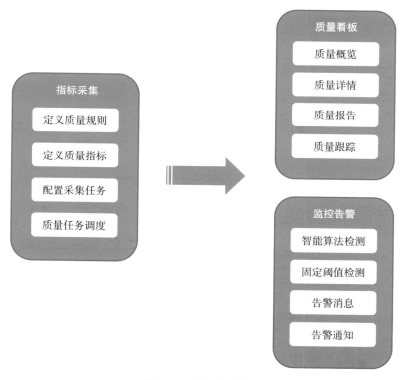

图 8-2　数据质量监控

如图 8-4 所示，质量看板可以清晰地汇总出目前整个平台中数据的质量情况，并能查看每个数据表的质量详情，另外，也可以查看当日运行作业数、错误数等指标，便于整体把控数据质量状况。

监控告警能对上报的指标数据进行实时的质量监控，通过固定阈值或者指标异常检测算法对指标进行质量判定，在发现质量问题时，能生成告警并及时地通知用户做相应处理。

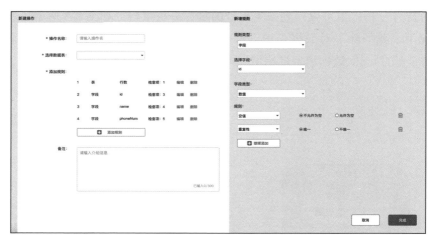

图 8-3　数据规则化配置

图 8-4　数据质量监控

8.4.3　数据安全保障

安全包括数据的传输安全、系统安全、权限安全、安全日志审计、数据脱敏等多个方面。

（1）传输安全

由于运维数据需要从大量的业务系统收集或上报，数据在传输中的安全性显得尤为重要，一般来说，采集器和数据中台的接收端之间应该进行安全加密认证协议，比如采集器采用到数据后，要发送到数据中台的 Kafka 上，可以考虑在采集器和 Kafka 之间采用 SSL 或 SASL 进行安全可靠的传输。

（2）系统安全

信息系统本身应具有良好的安全防护能力。对于常见的 SQL 攻击、跨站请求伪造、越权访问等非法操作，信息系统应能够识别并进行防御。运维监控系统在建设过程中，应该遵循一些 Web 安全规范的要求，避免 SQL 注入、跨站脚本攻击、没有限制的 URL 访问、越权访问、泄露配置信息、不安全的加密存储、密码低强度、重复提交请求、网页脚本错误等一些系统的安全问题。

（3）权限安全

不同运维人员的职责不同，一般应该具备功能模块权限管理的能力，可以使用基于角色的访问控制技术（Role Based Access Control，RBAC）。另外，从真实运维场景出发，也可以在系统建设时，考虑从业务和配置项类型两个维度解决运维数据的数据权限控制问题，一般是根据配置项进行管控。

（4）安全日志审计

通过日志审计系统，企业管理员可以随时了解整个 IT 系统的运行情况，及时发现系统异常事件；另外，通过事后分析以及丰富的报表系统，管理员可以方便高效地对信息系统进行有针对性的安全审计。遇到特殊安全事件和系统故障，日志审计系统可以帮助管理员进行故障快速定位，并提供客观依据进行追查和恢复。另外，从日志审计的合规、安全运营的挑战等方面考虑，在建设运维监控系统时，要考虑安全日志审计的功能。

（5）数据脱敏

运维监控系统还涉及一些业务敏感数据，要根据实际情况脱敏处理后再进行管理，可以在采集端进行处理，比如前面提到的调用链追踪数据，录入监控系统中时，可以把 request 和 response 进行相应的脱敏处理等。

8.5 小结

- 数据质量管理的关键词主要围绕数据管理生命周期、影响数据质量问题的因素和管理 + 流程 + 平台。
- 运行、研发 / 设计、组织、流程四个方面的因素都有可能影响到数据质量。
- 数据质量分析指标的内容主要包括：完整性、一致性、准确性、唯一性、关联性、及时性。
- 从组织、流程、技术三个维度建立三位一体的运维数据治理方法。
- 组织建设的重点是建立数据质量管理的责任体系，包括岗位、能力、文化。
- 流程建设的重点是建立数据质量管理闭环，包括事前、事中、事后。
- 平台建设的重点是赋能运维数据质量管理，包括数据采集、数据监测、质量分析、问题跟进与解决。

实施篇

言之易，行之难。

——《吕氏春秋·论·不苟论》

运维数据治理的实施是一项长期、多团队协同的系统工程，要让运维数据治理能够持续得到资源支持并有效落实，我们认为需要"策划、建设、运营"。首先，需要结合企业的核心价值，支持企业的发展战略。其次，在实施过程中要结合组织架构、制度流程、技术工具和人员能力，构建相适应的运维数据治理能力。进一步，运维数据治理能力是一个螺旋上升的过程，需要建立以数据运营驱动的治理方法，对治理过程进行监测、保障、促进。

参考 DAMA 与 PDCA 的方法，运维数据治理的内容重点关注运维元数据管理、运维指标体系管理、运维知识管理、运维数据标准管理、运维数据安全管理和运维数据质量管理六点，而要落实上述内容，建议围绕"策划、建设、运营"三步走的实施闭环，三步走的模型如下图所示。

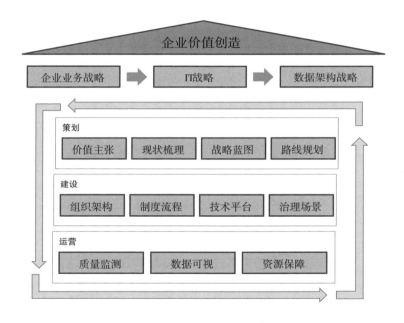

（1）策划

一是要明确运维数据治理解决什么问题或痛点、实现什么价值，即要明确价值主张。价值主张要从运维组织角度分析，紧抓组织面临的最紧迫问题，并基于企业业务价值发展，借鉴外部领先的运维组织能力，确定运维组织的发展期望。二是要分解问题，这就需要对现状进行梳理，并以场景驱动，梳理评估涉及运维元数据管理、运维指标体系管理、运维知识管理、运维数据标准管理、运维数据安全管理、运维数据质量管理等能力建设。三是要设定目标，制定运维数据治理的战略蓝图，治理的战略蓝图需要传承企业的数据治理，复用能复用的组织、流程和技术资源。四是要制定对策，设计达成目标遵循的路线规划，路线节点应该尽量短期以具体可执行的内容为主，中期以趋势为主，并不断建立路线复盘和修订的机制。

（2）建设

基于策划的目标与计划，制定执行层面的具体建设工作。有效落实建设，需要建立集组织、流程、技术、场景四位一体的、综合性的建设方案。其中，组织重点关注架构、岗位、人、能力等，流程重点关注标准与规范、操作规程、协同方式等，技术是为了赋能给组织、流程的落实，场景是围绕人、事、时间、环境等因素建立场景。

（3）运营

数据运营驱动运维数据的治理水平持续提升，基于运维数据分析能力，发现运维数据的质量和安全风险问题，提供专项评估治理方案，并针对风险防范、监控预警、应急处理等内容形成一套持续化运营机制，再根据成效评估进行改进，以推动整个实践过程的持续性建设。同时，持续运营还有助于不断评估资源，落实资源保障。

策 划 阶 段

9.1 谋定而后动：策划先行

策划一词最早出现在《后汉书·隗嚣公孙述列传》中，原文为"是以功名终申，策画复得"，其中"画"与"划"相通互代，"策画"即"策划"，意思是计划、打算。"策"最主要的意思是计谋，如决策、献策、下策、束手无策。"划"指计划、筹划、谋划、处置、安排。与 PDCA 中的 P（计划）相比，策划是事先谋划，更侧重于全局性的实施方案，计划是策划的细化表现。运维数据治理是一项长期、多团队协同的工作，启动数据治理工作前，必须明确治理目标、任务、人员、协作方式、资源等。所以，将运维数据治理实施的第一步设计为策划。

策划可以分解为价值主张、现状梳理、战略蓝图和路线规划。价值主张关注痛点与运维组织期望的分析，以及解决痛点与实现期望要用的方案。现状梳理是指基于价值主张分析的结果，梳理运维元数据管理、运维指标体系管理、运维知识管理、运维数据标准管理、运维数据安全管理和运维数据质量管理的现状，了解组织、流程、技术上的能力禀赋。战略蓝图是要建立清晰的战略目标，统一思路，以及战略分解。路线规划是要指导运维数据治理的落地路线。

《孙子兵法·计篇》中说："多算胜，少算不胜，而况于无算乎！"意思是，打仗重在谋略，考虑周全，筹划得当，胜算就大；准备不周详，筹划不足，胜算就不大，更不用说莽撞行事了。运维数据治理是一项时间长、见效慢、涉及面广、参与人员多、投入大的工作，在推进运维数据治理前做好整体策划是一项很有必要的工作。

价值主张是为了确保运维数据治理以价值创造为驱动，真正地服务于企业的价值创造。价值主张重点分析出运维组织面临的痛点与期望。其中，痛点是运维组织当前未满足，又十分渴望的事项，或让组织里的各个角色产生负面情绪（不满、恐惧、挫折、愤怒等）的事项。期望是从可扩展性角度，展望未来行业、监管政策、企业业务、技术架构、人才等变化，分析运维组织未来发展的方向。痛点与期望梳理后是为了找到针对性的、相契合的运维数据治理方案。

现状梳理阶段是从运维数据治理的实施角度，进行具体数据的梳理，如数据的存储方式、数据被谁使用、如何使用等。组织、流程、工具、数据是四个梳理现状的方向。

战略蓝图是为了明确运维数据治理的目标与愿景。一方面，抽象制定目标与愿景有助于在组织内部建立统一的认识，减少后续协同的信息差；另一方面，战略蓝图有助于治理的各参与方更好地分解目标，并制定实施方案。

路线规划是将时间维度分为多个阶段，每个阶段制定战略重点，形成可执行的路线规划。通常可以考虑采用"两实一虚"的思路进行划分，分为有明确目标的短期、有相对明确目标的中期和展望类的长期三个阶段，短期一般是 0 ～ 6 个月，中期是 6 ～ 18 个月，长期是 18 个月以上。

9.2 价值主张为最终价值服务

运维数据治理对于运维组织是一项增量的工作，要争取更多的资源与支持，在战术上要让治理工作能够务实，快速回馈用户价值。价值主张的重点是让运维数据治理的策划更加有效。

价值主张的方法原本主要用于产品设计领域。价值主张的方法有一个模型，模型中倡导在产品设计前要将市场细分，确定产品的目标客户群，明确客户群后要围绕不同的客户痛点与期望进行有针对性的分析。其中，痛点指客户在得到产品或服务时所处的状态及遇到的问题，期望是客户对自身的角色定位是否有更高的要求。分析确认了痛点与期望后，下一步就是基于痛点与用户期望有针对性地提出解决方案，通常包括以下这些问题：应该提供什么产品或服务给用户，用户能得什么好处与利益，解决方案与竞争对手有什么区别。

如今，价值主张模型也应用于战略规划的分析中，比如在企业或品牌的蓝海战略中，需要达到市场消费诉求的兴奋点，在满足市场诉求的同时，企业要在市场、企业、个人三个方面获得价值主张。运维数据治理过程中也需要进行价值主张分析，确保运维数据治理是价值创造驱动的，真正地服务于企业的价值创造。

要明确运维数据价值与企业、IT、运维组织价值的传承。运维数据治理的对象是运维数据，所以在治理前：首先，需要明确运维数据的平台及应用建设对企业数字化转型的支撑作用；其次，运维数据的治理应该传承企业数据治理已有的资源与机制，在组织、标准、流程、平台等方面进行复用或关联；最后，在价值层面，要确定具体的价值主体用户，哪些运维数据治理建设是为了提升客户体验，哪些是为了让业务运营或 IT 人员提能增效，哪些是为了让 IT 风险管理人员控制风险等。

要以痛点作为运维数据治理的切入点。所谓痛点，就是运维组织当前未满足，又十分渴望的事项，或让组织里的各个角色产生负面情绪（不满、恐惧、挫折、愤怒等）的事项。比如，每天要处理大量重复、错误的监控告警，一线管理员每天麻木地做着大量无用功；几百个业务系统有几百个业务日志标准，很难建立统一的日志分析模型；CMDB 配置管理数据总是出现漏采集的主机数据，配置资源数据始终不够准确，场景系统不敢消费；ITSM 中变更数据更新状态不及时，无法满足实时的应急处置需要等。痛点驱动，就是在运维数据治理的规划或路线上，优先选择上述痛点作为切入试点场景，一方面可以争取更多的支持，另一方面也要基于试点场景串起全局性的运维数据治理规划。

要兼顾运维组织对趋势的洞察。推动运维数据治理不仅仅是由痛点所引发的，还包括行业、企业多重因素的变化，可扩展性的运维组织会把发展的眼光从当前具体的运维模式、内部工作流程中抽出来，展望未来行业、监管政策、企业业务、技术架构、人才等变化。结合当前企业数字化转型的大背景，运维组织如何建立数据运营的工作模式，以帮助并支撑企业的数字化转型是运维组织决策层应该重点考虑的事项。运维数据治理的有效落地，将帮助运维组织对趋势建立有效的应对措施。

基于运维数据价值与运维组织痛点，有针对性地分析痛点的应对措施方向。分析运维数据相关痛点后，就要对痛点有针对性地提出解决方案的思路，解决方案可以是组织架构优化、岗位能力提升、规范的制定、工作流程的优化、技术平台的建设等。应对措施不一定与痛点一一对应，通常一个措施可能解决多个痛点，或一个痛点需要多个解决方案，所以在分析应对措施时要综合考虑相关解决方案，比如日志规范的制定，需要综合考虑运维监控、异常定位、运维指标体系、日志分析模板等方向。

9.3 发展基线的现状梳理

与价值主张中用户痛点与期望的分析不同，现状梳理阶段是从运维数据治理的实施角度，进行具体数据梳理，如数据的存储方式、数据被谁使用、如何使用等，比如明确监控性能指标、监控告警汇聚、动态基线管理、日志数据存储与归档、CMDB 配置管理与配置管理流程线上化的整合等。我们可以从组织、流程、工具、数据四个方面进行梳理。

组织方面主要包括组织架构与人员两个方面。前者关注是否有专业的数据治理组织，是否明确岗位职责和分工，部门间的职责是否清晰、明确；后者关注数据治理人才的资源配置情况，包括数据标准化人员、数据分析人员、数据开发人员等。

流程方面主要包括标准、规范、流程/规程，如数据管理的现状，是否建立相对完善的数据标准化规范，是否有数据归口管理部门，是否有数据管理相关流程，流程各环节的数据控制情况，数据治理流程是否与 IT 运维工作流程相融合等。

工具方面主要包括现有运维数据平台、数据治理平台和运维数据治理平台。不同组织对运维数据平台的定位不同，有些认为需要建立一个完整的运维数据平台，以支持面向所有运维数据的采、存、算、管、用，有些认为运维数据平台重点是对源端各类监控、日志、NPM 网络报文等数据的汇总及整合，梳理就是要将相关运维数据平台的数据流动关系梳理清楚。企业数据治理平台的梳理，重点是了解当前已有的数据治理能力，能够复用的则复用，减少重复建设。

数据方面主要是梳理数据的质量问题信息，例如数据不一致、数据不完整、数据不准确、数据不真实、数据不及时、数据关系混乱，以及数据的隐私与安全问题等。在数据方面的分析上，可以借鉴用户旅程梳理用户与系统的触点方式，建立基于运维数据流动的旅程分析，以用户和运维数据应用场景为分析切入点，梳理数据信息。

9.4 擘画战略蓝图

价值主张梳理了用户痛点与组织趋势，现状梳理输出了运维数据治理涉及的数据流动在组织、流程、工具平台、数据四个方面的状况，下一步战略蓝图的重点是明确运维数据治理的目标或愿景。与组织价值传递一样，运维数据治理的愿景也是一个传递的过程。运维数据治理的核心战略愿景是将运维数据治理好，以更好地保障业务连续性，加快 IT 交付，提升 IT 服务质量，优化客户体验。

运维数据治理是集组织架构、数据管理流程、技术平台为一体的工作，不同的运维组织需要结合自身现状制定数字化战略规划。运维组织在制定运维数据治理战略规划时，需要明确组织可以做什么（确定机遇与风险挑战），能够做什么（现状分析与战略策略选择），想实现什么（运维组织价值愿景与价值），要如何做。

以数字化思维重新思考运维数据治理的战略愿景。愿景是运维组织对治理目标的陈述，是对运维数据未来的长期展望，愿景指引着组织的未来目标。在当前数字化转型的大趋势下，运维组织应该以全新的视角，利用数字化思维重新思考愿景，即利用协同网络、数据智能、敏捷创新、员工赋能等数字化思维，结合运维组织价值观、趋势洞察、运维数据治理平台等各方面，制定更为明确的战略愿景。

根据自身禀赋制定运维数据治理战略。运维数据的广泛应用，以及智能运维的发展，必然会给现在的以经验驱动的工作模式带来挑战，原有的需求、设计、测试、运维、运营的角色职能可能也会发生变化，比如运维前移到设计和测试的工作环节，后移到业务运营环节，IaaS 与 PaaS 的兴起也可能让运维原有的很多工作内容转向平台。基于变化中前行的思路，在制定战略过程中要区分不同规模的运维组织对业务部门承诺的 SLA 与 SLO、运维工作模式、IT 资源投入、人才结构等，需要根据自身禀赋制定运维数据治理战略。

运维数据治理战略应该传承企业大数据治理的战略。传统企业经过二三十年的信息化建设，又进行了十多年的大数据平台及应用建设，对数据治理的认识、组织架构、岗位人才、标准与规范、工作流程、技术平台有了大量沉淀。运维数据是企业数据资产的一部分，在制定运维数据战略和运维数据治理战略时都应该基于原有的企业数据治理经验，传承于企业数据治理，复用能复用的资源。

9.5 指引实施的路线规划

整个运维组织制定明确的战略目标后，下一步是要对战略目标实现的动因进行逐层分解，将战略的实现从内容上分解为不同的方向，从时间维度分为多个阶段，每个阶段制定战略重点，形成可执行的路线规划。在进行路线规划中，运维组织需要从多方面构建路线。首先，进一步论证数据治理场景，从数据治理对象的应用场景进行分析，评估认证数据应用场景是否切中痛点与组织期望。其次，借鉴外部运维数据应用、智能运维、自动化运维等最佳实践，分析当前运维数据治理水平。最后，结合人员、组织结构、标准化水平、技术基础等因素，落实运维数据治理资源。完成上面三个步骤后，运维组织将初步明确运维数据治理的投入方向，接下来就是制定运维数据治理的实施路线图。

规划路线图可以考虑"两实一虚"的思路进行划分。路线图通常分为短期、中期、长期三个阶段，短期一般是 0～6 个月，中期是 6～18 个月，长期是 18 个月以上。其中，短期、中期路线目标以"实"为主，长期路线目标以"虚"为主。"实"指的是清晰的目标，要清楚地制定需要达成的战略目标，落实责任人和资源分配，并初步分解涉及的项目。"虚"指的是围绕一个趋势性的目标，因为时间越长，不确定因素越大，所以需要在不断迭代的过程中完善战略路线图，提前细化未来 1 年半以后的事项，更好的方法是每隔一段时间进行规划修订复盘。

建立运维数据治理架构设计。运维数据治理架构重点是从组织、流程、平台三个角度，整合运维元数据管理、运维指标体系管理、运维知识管理、运维数据标准管理、运维数据安全管理、运维数据质量管理 6 个运维数据治理的核心部分。架构需要达到运维数据各级管控流程设计的要求，确认人员岗位，明确职责分工，规范软件开发、运维操作、治理流程，制定日志、监控、报文、配置等规范标准，明确复用或引入哪些技术平台，以及平台的定位。

借鉴外部数据治理成熟度模型梳理路线设计。成熟度模型是用于描述事物发展阶段、阶段特征和发展方向的工具。一般来说，成熟度模型通常包括外部结构与内部结构。外部结构通常指能力的阶段分解，比如将运维治理成熟度分为 5 个级别，能力从基本治理机制逐级发展，最终达到智能或自治化的治理。内部结构则重点从成熟度模型的内容进行分解，比如运维治理的能力可以分为管理领域和技术领域两部分，管理领域又可以向下分解为多个子域或关键指标，指标又可以分为行为与评价方法。由于当前完整的运维数据治理成熟度还较少，在借鉴成熟度时，建议参考传统大数据治理成熟度了解并转化为运维治理的参考方向，可以参考运维组织、流程、技术平台、智能运维等方面的成熟度。

以持续性的项目制推进运维数据治理工作的落实。运维数据治理是一项长期、多方资源共同推进的工作，除了设立专职的治理团队与岗位外，还要建立专项的项目进行统筹推进。在实施上，可以考虑采用全面实施和渐进式两种方法，前者重点针对战略目标规划清晰、资源到位、流程规范的组织，比较适合规模小、结构简单、信息系统较少的组织；后者重点是在迭代中对组织、流程、技术平台进行治理，通常是按顺序推进，并充分考虑存量流程机制、治理相关信息系统和业务信息系统的过渡与配合。

9.6 小结

- 策划可以分解为价值主张、现状梳理、战略蓝图和路线规划。
- 价值主张在始终确保治理的价值与运维组织、IT组织、企业价值一致的同时，兼顾运维组织对趋势的洞察，梳理出运维组织的痛点与期望，以及解决痛点与实现期望的方案。
- 现状梳理是基于价值主张分析的结果，从运维数据治理实施的角度，进行具体数据梳理，如数据的存储方式、数据被谁使用、数据被如何使用，梳理运维元数据管理、运维指标体系管理、运维知识管理、运维数据标准管理、运维数据安全管理和运维数据质量管理的现状，了解组织、流程、技术上的能力禀赋。
- 战略蓝图重点是明确运维数据治理的目标或愿景，建立清晰的战略目标，统一思路，并进行战略分解。
- 路线规划对战略目标实现的动因进行逐层分解，将战略的实现从内容上分解为不同的方向，从时间维度上分为多个阶段，每个阶段制定战略重点，形成可执行的路线规划，指导运维数据治理的落地。

建设阶段

10.1 围绕"四位一体"的建设工作

运维数据治理的策划,将输出整体战略、战略分解任务,以及指导运维数据治理的落地路线设计,下一步是基于实施路线图推进具体的运维数据治理建设。运维数据治理是一个系统性的、持续优化的建设工作,涉及组织、流程、平台、场景"四位一体"的建设工作。

运维数据治理的实施包括组织、流程、平台和场景的建设。

组织重点关注组织架构、角色岗位、岗位能力和绩效管理。由于运维数据治理涉及范围比较广,参与人员多,且跨部门,需要建立特定的组织和制度保障才可能获得成功。首先,依据行业经验来看,运维数据治理是"一把手"工程,实施上需要自上而下获得领导决策的支持,其中数据治理领导小组需制定数据治理的战略方向,构建数据文化和氛围,推进数据治理工作的开展,以及政策的推广和执行。其次,运维数据治理需要建立一个专项的治理负责岗位，要能够牵头推进治理完整体系，包括制定标准、设计流程、平台建设、数据运营等职责。再次，建立领域内的治理工作组，工作组除了治理主责任人外，还包括数据责任人或业主负责人、数据治理平台负责人、管理决策层、数据消费方等。最后，挖掘或培养运维数据治理组织人才，运维数据治理是一个比较专业的工作，要充分进行人才建设。

流程重点关注数据标准和制度规范。数据治理工作贯穿众多的 IT 运维管理、软件研发、硬件资源交付等流程，每个流程又包括标准和规则的制定，以及数据从采集、存储、清洗、计算、消费等一系列的数据管理流程。运维数据治理流程的设计，一是建立一套涵盖不同管理颗粒度、不同角色对象，覆盖数据治理过程的管理制度与标准体系，保障数据治理工作有理、有据、可行、可控；二是将软硬件生命周期的工作流程与具体的标准规范相结合，形成定义、发现、实施、监测的闭环治理流程。

平台重点关注工具的赋能。运维数据治理涉及海量的数据、大量的工作流程和多方协同的角色，运维数据治理需要多种工具支撑，包括运维数据资产服务目录、运维指标体系、运维数据平台或中台、质量监测工具等。运维数据治理是对企业数据治理的继承或子集，运维数据治理的工具有些是新建的，有些是复用的，有些是对现有工具平台进行改造。

场景重点关注治理的应用场景。运维数据治理是持续性、投入多、见效慢的工作，要保证数据治理的持续投入，需要平衡投入与收益，以场景为切入点是一个好的应用方法。场景的分类可以考虑围绕数据中心，从数据类型、数据形式、数据存储的角度进行分类。场景的设计则可以借鉴用户旅程的方法，对数据治理中的人、事、时间、协同、环境进行设计。

10.2　面向敏捷协作的组织架构

运维数据治理是一项复杂且规模浩大的体系化工程，需要充分调动组织相关资源进行整体协同，有效的组织架构是运维数据治理成功的保证，所以组织有必要建立体系化的组织架构，明确职责分工。企业在制定运维数据治理组织架构时，需要结合企业已有的组织架构、信息系统、人力资源等现状，对治理涉及的组织架构进行分层，将一些角色继承于企业数据治理，并新增与运维相关的特定角色，设计符合当前组织禀赋的运维数据治理组织。我们将运维数据治理的组织分为决策支持层、运营管理层、操作执行层三个层面。

（1）决策支持层

运维数据治理需要由运维内和运维外的多个团队共同协同，尤其是在新事物的运用上必然会遇到执行不到位的问题，需要有一个强有力的决策支持层自上而下地推动治理的落实。一方面，因为运维数据包涵了大量传统数据研发未应用到的数据，比如业务日志、交易报文、客户体验、运营流水等数据，这些数据可以为业务运营、客户体验、风险控制等提供数据支撑，所以要在定位上将运维数据定位到企业大数据体系中的一个子集，尽可能地传承企业数据治理的组织架构资源，这样可以减少运维外的治理协同工作。另一方面，需要运维组织内的管理决策层支持运维数据治理，最好是将运维数据治理工作定位为运维组织的"一把手"工程，得到管理决策层的支持。

决策支持层一方面要对运维数据治理的战略规划、阶段目标、指导思想、实施方案进行总体把控，即决策支持层要把握"干什么"；另一方面，还要在具体实施中对治理实施的过程给予支持，比如：

- 负责决策启动、审批、发布运维数据治理相关的管理制度、流程、标准规范等；
- 新的标准、工具等推广前，要针对涉及的关键团队负责人进行必要沟通，减少推广初期的阻力；
- 对于决策执行的事项，决策支持层在遇到阻力时，要给予治理的运营管理团队必要的支持；
- 治理工作过程中，要对需要管理层支持的相关事项做出决策；
- 给予人、财、物等资源上的支持。

（2）运营管理层

运营管理层是运维数据治理的牵头角色，是治理工作的策划与组织角色，主要负责建立运维数据治理的完整结构，制订整体的实施计划，统筹资源配置，建立常态化的运维数据治理协同，并对治理计划落地的有效性进行监测，重点关注"如何做"。有条件的运维组织最好设立运维数据治理专岗，负责统筹整个运维数据治理工作，通过精细化分工，整合资源，聚焦更专业的事。以下简要介绍相关工作：

- 落实决策支持层要求的治理目标，落地日常运维数据治理的工作职责；
- 负责具体的运维数据战略规划、里程碑、实施计划、实施方案的制定；
- 负责制定、修订、发布具体的制度、规范、标准；
- 负责梳理运维组织内的数据状况和技术架构；
- 牵头进行运维数据治理工作的调研，对治理涉及的新技术进行分析和引入；
- 负责制定运维数据质量的管理策略，制定在线监测、事后检查和考核指标的设计，并对质量问题进行督导；
- 定期组织评价运维数据治理工作效果，制定考核制度；
- 对决策层制定的治理战略、目标，以及实施计划等工作进行监测、督促，确保常态化治理工作得到落实；
- 对运维数据治理涉及的制度、标准、流程等执行情况进行监测，确保数据质量与安全性。

在这个角色的选择上，可以选择具备以下部分特征的人员：有项目管理经验，沟通协同能力较好，熟悉运维工具体系，对一线运维工作有理解，有数据运营思维，学习能力较好。

（3）操作执行层

操作执行层是在运营管理层的统筹管理下，根据制度、标准、流程的要求，具体落地各项数据治理工作。在运维数据治理中，各运维职能条线分别按条线的职能负责职能线的数据治理工作，操作执行层重点是将运维数据治理工作与原有工作流程结合起来。通常来说，每一类数据都应该有一定的数据业主团队，比如业务运维团队需要负责具体的业务配置、应用日志、交易报文等数据，基础设施团队负责硬件及平台软件层数据，流程调度团队负责流程或服务管理数据等。以下简要概括相关职能：

- 落实运维数据治理具体计划的要求，根据计划及职责要求组织具体的数据治理工作；
- 落实已经制定的数据治理规范、标准、流程的要求，确保各项工作符合要求；
- 牵头职能线运维数据模型的设计，以及主数据、元数据、配置数据、指标体系等工作；
- 推动涉及与本职能数据相关的沟通协调、运营推广等工作。

（4）CMDB 数据治理的组织架构举例

针对上面提到决策支持层、运营管理层、操作执行层的组织架构，我们以 CMDB 配置管理数据的治理工作为例进行介绍。CMDB 的数据治理是 CMDB 建设中最困难的环节，很多企业的 CMDB 没有发挥作用通常与数据治理相关。从定位看，CMDB 是整个运维数字化体系的广义元数据中心，CMDB 描述了 IT 运营管理的硬件、软件资源对象，以及对象之间的关系；同时，CMDB 自身每个对象的属性与关系，在运维平台化与智能化中又承担互联互通的数据关联角色，具有主数据的作用。所以，CMDB 兼有元数据与主数据的作用，在 CMDB 的数据治理过程中需要决策支持层、运营管理层、操作执行层的参与。

成功的 CMDB 建设是运维组织的"一把手"工程。一方面，由于 CMDB 涉及基础设施、服务器、存储、网络、IaaS 云平台、PaaS 云平台、系统软件、应用系统、与配置相关的管理数据（人）、对象关系等配置数据，涉及各职能线团队的协同支持，需要运维组织"一把手"持续地支持配置数据治理，在必要的 CMDB 定位、人员分工、常态化例会、治理执行、运营监督分析等环节上给予积极的支持。另一方面，决策支持层需要制定 CMDB 配置管理建设的模式，由于很多运维组织各职能线已经有一些平台管理软件，从见效时间、协同沟通、投入成本等角度看，采用联邦 CMDB 的方式通常比建立集中式 CMDB 更好。比如，将平台化互联互通最频繁的业务系统层的数据作为 CMDB 中心的核心数据，而各职能线的基础设施、硬件计算资源、平台软件的配置源数据仍然由各职能线的平台软件负责，CMDB 负责与平台软件进行数据交互。

CMDB 建设是一个持续运营管理的过程。运营管理层需要肩负 CMDB 配置管理员的职能，主要负责 CMDB 总体建设规划和阶段目标，比如当前是为了解决 IT 资源库的管理，还是为了解决平台互联互通或实现业务链路的管理等；根据阶段目标，总体设计配置整体模型，并推动其他职能线参与具体的配置数据模型设计；设计自动化配置数据的采集、自发现的技术方案；对于无法通过自动化采集的配置数据，设计配置数据管理的流程，避免配置数据黑户；量化配置数据质量指标，建立常态化的配置数据实时监测、离线的运营分析，并根据监测情况公示、上升、督办、跟踪配置数据的持续完善等工作；确保 CMDB 系统的可靠性，支持配置数据的实时与离线消费。

每一个配置数据都要有业主。CMDB 存储了 IT 资源的对象属性与关系数据，配置数据的执行操作层由配置数据业主负责。首先，数据的准确性应该由数据业主牵头负责，以业务运维团队为例，需要负责业务系统涉及的各个角色人员、系统状态、系统业主部门、证书有效期等基本描述性信息的准确性。其次，业主牵头负责数据的及时性，尤其是当配置数据为其他平台提供实时的配置消费时，比如当监控系统实时消费 CMDB 的配置数据时，配置数据的及时更新将有助于减少监控告警的漏报与误报情况。最后，对于配置运营管理发现的条线内规划与流程的执行、平台改造等问题，业主团队需要负责进行整改并跟进落实。

10.3 制度流程是建设保障

数据治理的工作贯穿众多的 IT 运维管理、软件研发、硬件资源交付等流程，每个流程又包括标准和规则的制定，以及数据的采集、存储、清洗、计算、消费等一系列数据管理的流程，为了保障运维数据治理工作的有效落实，以及组织架构下各层工作的正常运作，需要从制度、标准、流程层面制定一个制度流程体系，将软硬件生命周期的工作流程与具体的标准规范相结合，形成定义、发现、实施、监测的闭环治理流程。以下从制度标准与操作规程两个角度分析制度流程的内容。

（1）制度标准

制度标准是运维数据治理工作的指引，可以从数据政策制度、企业数据治理规范标准、运维数据治理规范三个角度梳理制度标准。

数据治理政策制度标准为运维数据治理提供了宏观性指引。本节指的数据治理政策制度泛指国家、行业、协会、联盟等机构发布的数据治理制度、标准、指南等制度标准。随着数字时代的到来，以数据作为生产要素，充分利用数据资产对业务创新、运营效能、风险管控、运行安全等领域的赋能作用，成为各行业数字化转型的共识。在此基础上，加强数据治理体系建设，构建覆盖行业监管、企业经营主体的数据治理决策机制、规章制度和数据质量管理体系，制定数据安全分类分级保护制度，健全数据标准化体系，推动行业数据安全共享在各行各业的政策上得到体现。企业外部发布的数据治理政策制度标准通常集中全行业优秀企业、咨询机构、领域专家的经验，为数据治理的意义、目标、原则、组织、管理等方面提出了行业通用性的指引，在内容描述上通常具备参考意义，企业在制定内部数据治理制度时可以借鉴、参考、引用，避免从头开始造轮子。

借鉴外部数据治理政策制定企业数据治理制度标准。一般来说，企业会根据外部数据治理政策标准，结合企业组织和业务特点制定特定的数据治理的管理制度标准，以确保企业数据治理的各项活动能够得到有效落实。一个相对完善的数据治理制度应该按数据治理的职能域进行划分，比如数据标准管理办法、数据安全管理办法、数据质量管理办法、元数据管理办法、主数据管理办法等，在内容上通常包括适用范围、目标与意义、角色与职能、管理要求与流程、监督与考核等。另外，考虑到数据治理方法会随着实践过程发生一些变化，以及不同领域有不同的实现方法，通常在管理办法上还会关联数据治理相关实施细则，细则是对管理制度的进一步细分。细则的制定，应该从实施落地角度出发，以更好地指导企业数据治理工作的执行，所以细则通常需要结合具体领域的数据现状、组织架构、工作模式进行差异化的分解。

运维数据治理制度标准传承于企业现有制度标准。考虑到投入产出，运维数据治理制度应该传承于企业现有的制度标准。一方面，运维数据治理的治理标准可以考虑传承于企业数据治理的制度标准，具体细化为运维领域的数据治理细则；另一方面，运维数据治理的治理标准可以考虑传承于企业已有的管理办法，比如 CMDB 配置管理办法、监控管理办法、IT 服务管理细则、应用日志标准等。当然，对于专业化分工比较完备的运维组织，也可以考虑单独制定运维数据治理的规范，但是制度标准最终都应该是为了让运维数据治理工作有理有据，更好地指引相关工作有效落实。

（2）操作规程

运维数据治理的工作应该将软硬件生命周期的工作流程与具体的标准规范相结合。在治理工作的实施上，包含大量的工作流程，比如在制度标准层面的制定与修订流程；在源数据管理层面的配置管理数据运营的工作流程；监控告警误报的运营分析，监控告警与生产事件关联分析等流程；数据流动层面的数据采集、清洗、存储、计算、消费等流程。

从运维数据治理的内容看，操作规程主要包括业务流程、质量管理流程和安全管理流程。业务流程主要围绕数据流动生命周期进行管理；质量管理流程主要指设计数据质量评价指标体系，实现数据质量的量化考核；安全管理是按数据安全保护标准，建立安全技术规范、操作流程、操作规范，完善安全风险评估机制和应急响应机制。

从操作规程的设计上，治理的操作规程可以围绕定义、发现、实施、监测来确定运维治理流程。定义流程重点关注宏观、业务定义的流程。宏观层面的流程主要涉及运维数据的应用与治理涉及的战略、规划、价值创造、政策、规范、标准等纲要指引性流程。数据业务定义层面流程主要包括关键运维数据指标涉及的运维主数据、指标体系、配置数据等数据定义、业务背景、数据分类等数据业务定义的流程。发现流程重点关注数据状况的感知。发现流程关注获取组织数据生命周期的当前状态，组织内在用的业务流程、技术支持能力，形成治理的问题清单。实施流程关注具体的运维数据治理工作，确保数据治理政策、业务规则、管理流程、工作流程等得到有效落实。监测流程重点关注治理实施流程的有效执行，治理工作是否对运维数据战略有效果，并推进持续的优化改进。

10.4　落地支撑与赋能：技术平台

运维数据治理组织、流程的有效落地，需要技术平台的赋能。从工具的功能看，应该包括以下功能：数据采集、数据存储、数据资产管理、运维指标管理、主数据管理、元数据管理、数据质量管理、数据安全管理等。从实施上，考虑到有限的运维数据治理资源投入，我们将运维数据治理的技术平台与企业已有的运维平台体系进行融合，形成以运维数据中台为代表的运维数据资产管理、数据采集、数据存储，以运维指标体系为代表的主数据管理，以 CMDB 与知识库为代表的元数据管理，以监控为代表的数据质量、数据安全管理，以及运维门户涉及的数据运营管理。

（1）运维全生命周期管理：运维数据平台

传统的运维数据平台通常包括前端的数据门户、数据计算及查询、数据存储、数据采集与传输、数据资源管理、任务调度管理等模块。运维数据平台的功能基本覆盖了运维数据治理涉及的运维数据采集、存储、资产管理的能力，建议复用运维数据平台的能力。

平台提供全面的数据采控。数据采集主要是把不同数据源中的数据经过收集、整理、清洗、转换后加载到新的数据源中。全面的数据采控重点包括：支持多种数据源的数据采集能力，比如对于监控指标的时序数据库，对于日志数据的 ES，以及其他关系数据库、图数据库、NoSQL 数据库、消息队列等数据；支持主动采集与被动接收的数据采集能力；支持实时与离线的数据采集能力；支持全量与增量的数据采集能力。

平台支持多种形式的数据存储。此处的数据存储重点围绕运维主数据，即指标体系，在生命周期过程中涉及的数据存储，不包括源端数据的存储。一般来说，运维数据指标体系通常会从源端采集到类似 Kafka 等消息队列，再根据数据的应用与实时性，选择时序、关联型数据库数据。对于海量的关联型数据库一般又会引入分布式的数据库解决方案。

平台提供运维数据资产管理的能力。运维数据资产管理重点体现在数据资产服务目录，主要是为了建立数据供需双方的数据交付服务，包括向用户提供一站式的数据服务，让数据消费用户在线查到组织拥有哪些数据资源、知道如何获得数据、数据获取涉及的在线审批流程等；让数据提供者建立全局性的数据资产服务目录，并提供数据服务上架、数据服务分析运营等。

（2）运维主数据管理：运维指标体系

运维主数据应该聚焦在运维指标上，即运维指标体系的管理，包括指标库管理、指标评价管理和指标应用管理。

指标库管理重点关注运维指标统一入库管理，包括指标信息维护、指标元数据管理、指标分类、指标维度管理、实时指标加工、批量导入与导出、指标手工录入、指标查询、指标发布等功能。

指标评价管理重点关注指标评价，包括为用户提供对指标打分，收集改进意见，出具指标评价报告与指标问题报告，跟踪指标优化问题改进措施的落地。

指标应用重点是从消费用户与指标供应方两侧进行平台建设，包括消费侧的指标地图或目录、指标订阅、指标查询、血缘管理等；指标供应侧的指标版本管理、指标分析、指标质量、指标应用追溯等。

（3）运维元数据管理：CMDB

广义的运维元数据管理重点包括描述运维体系的数据，这点可以与CMDB 和知识的管理相融合。其中，CMDB 管理了 IT 资源层面的资源对象与资源之间关系的数据，知识管理了运维组织或专家经验的数据。

传统 CMDB 的主要功能包括配置建模、配置采集、配置自发现、配置数据运营等功能，要形成 IT 数字化体系的管理，需要对 CMDB 进行扩展，形成以 CMDB 为中心的运维数字地图，尤其是强调资源的实时关系。

传统的知识管理重点是对于问答式的专家经验库，主要应用在服务台、一线运维等知识管理。运维数据治理需要运维知识管理增强运维场景下的知识管理，形成运维知识图谱。

（4）运维数据质量与安全管理：数据监控

运维数据涉及的质量、安全管理的管理重点围绕运维指标体系、配置数据、监控数据、IT 服务等数据的实时监测能力。由于监控的核心组件包括数据采集、数据分析、数据策略、数据告警等，有效地利用好现有监控平台的能力将为数据质量与数据安全提供支持。

在运维数据质量监控方面，则重点围绕运维日志、监控、告警、配置等源数据，以及运维指标体系的指标数据，建立实时的异常数据监控，当遇到数据质量问题时能够及时警告，并出具全面的数据质量体检报告，形成标准定义、质量监控、质量分析、问题告警、数据运营的数据质量管理闭环。在运维数据安全监控方面，基于堡垒机访问、系统审计日志、变更操作、自动化操作、数据访问记录等数据，进行实时的监控。

（5）运维数据运营驱动：数据运营

通常，运维平台涉及的监管控析等平台工具都各自具备相关的数据运营功能，比如持续交付（Continuous Delivery，CD）涉及的交付层面的度量指标，监控涉及的监控覆盖率指标，告警涉及的监控误报率指标，配置管理涉及的异常配置数据指标等。不同工具的负责人或流程经理可以通过相关指标数据进行工具运营。运维数据治理的数据运营将基于整体的治理组织架构，统筹地对相关工具数据进行整合，并建立统一的数据运营管理，一方面减少各工具重复构建数据加工、计算、可视化的研发投入；另一方面，多个工具的数据关联分析可以发挥更高的数据运营价值。由于运维数据平台将承担运维数据的统一采集与加工处理，可以考虑将治理层面的数据运营相关功能作为运维数据平台功能的一部分。

10.5 面向不同类别的治理场景

场景重点关注治理的应用场景。运维数据治理是持续性、投入多、见效慢的工作，要保证数据治理的持续投入，需要平衡投入与收益，以场景为切入点是一个好的应用方法。以下从场景分类与场景设计两个方向介绍治理场景。

（1）场景分类

在实际运维数据治理场景的设计上，需要根据数据治理的数据类型、数据范围、数据处理方法、应用方向等，细分数据治理场景。同时，场景与场景之间并非孤立，在设计场景时最好能够采用结构化思路对场景进行分层梳理，在分层分解上可以考虑围绕数据进行场景分解。

数据类型主要从数据应用的价值进行分类，包括生产环境对象及 IT 服务管理，前者是与运维相关的基础设施、平台软件、应用系统、业务及体验涉及对象的数据，后者是运维管理过程中涉及的 IT 服务管理数据。比如，为了提升手机终端的客户体验，可以对业务及体验类型的数据进行分解，梳理出企业重要移动端渠道的登录、功能拨测数据、页面响应效率、服务端服务性能指标等进行数据标准、数据采集、数据加工、数据存储等全链路的数据治理。

数据形式主要从数据表现形式进行分类，包括监控指标数据、报警数据、日志数据、网络报文数据、用户体验数据、业务运营数据、链路关系数据、运维知识数据、CMDB、运维流程数据等。由于运维领域不同类型的数据通常由不同的工具平台进行管理，围绕数据形式可以考虑以工具平台为基础进行数据治理，比如监控告警数据基于统一的告警平台，日志数据基于集中的日志系统，网络报文数据基于 NPM 等。

数据载体主要从数据存储方式进行分类，不同的运维数据形式，在数据量、数据格式、数据访问频率、消费分析场景各有不同，需要有不同的数据载体。我们梳理了 8 种数据载体，包括关系型数据库、时序数据库、对象数据库、文件、图数据库、ES、消息队列和流式数据库。由于运维数据平台对多个源端的数据进行了第一次整合，可以考虑将数据载体的分类方法作为聚焦运维数据平台的治理方法。

（2）场景设计

在具体的场景设计上，可以考虑以数据为中心，以组织中的人为关键要素，采用用户旅程的方法设计治理的场景，即对选择的数据在数据流动生命周期中的作用，结合人、软件、硬件与数据的接触点，形成治理场景的用户旅程。用户旅程的梳理包括用户角色、时间线、用户预期 / 目标、用户与平台接触点。

用户角色，即在数据治理场景下涉及的人，比如决策支持层、运营管理层、操作执行层有哪些人，这些人在这个场景下的责任、权利、需求、目标、观点、预期、痛点是什么。

时间线，又称为时间轴，主要是用户在运维数据治理中经历的时间。比如监控告警时效性的数据治理，即发生在两个时间线，一是监控告警发出后到响应期间自动化的触达、升级、处理、转事件等环节；二是事后对监控告警受理时效性进行分析，可以是每日值班后或每周。

用户预期 / 目标，指在场景中用户角色对数据治理工作的预期，期待达到什么目标，这需要对决策支持层、运营管理层、操作执行层角色的责任、义务、权利进行梳理分析。

接触点，指用户与治理的工具、流程 OA 系统等接触的每一个环节、每一个瞬间，以及用户在每一个接触点上，带着什么样的预期，期望获得什么样的信息。

10.6 小结

- 运维数据治理是一个系统性的、持续优化的建设工作，涉及组织、流程、平台、场景"四位一体"的建设工作。
- 运维数据治理的组织分为决策支持层、运营管理层、操作执行层。
- 运维数据治理流程需要从制度、标准、流程层面制定一个制度流程体系，将软硬件生命周期的工作流程与具体的标准规范相结合，形成定义、发现、实施、监测的闭环治理流程。
- 运维数据治理的技术平台与企业已有的运维平台体系进行融合，形成以运维数据中台为代表的运维数据资产管理、数据采集、数据存储，以运维指标体系为代表的主数据管理，以 CMDB 与知识库为代表的元数据管理，以监控为代表的数据质量、数据安全管理，以及运维门户涉及的数据运营管理。
- 运维数据治理场景包括数据类型、数据形式、数据载体三类。

第 11 章 | C H A P T E R

运营阶段

11.1 面向持续改进的治理运营

运维数据治理是一项未知的持久战。

一方面，运维数据治理对于大部分运维组织都是一项全新的工作，有很多新的工作内容，会面临不少未知的困难；另一方面，结合企业大数据治理的经验，以及运维平台工具运营的经验，我们可以看到企业业务架构、技术架构、外部政策、内部流程等都一直在发生变化，数字时代关键生产要素的数据也一直在变化，对数据的治理也是一项持续发现、监测、优化的运营过程。在这场未知的持久战中，运维组织需要围绕运营的思路，驱动运维数据治理水平持续提升，基于运维数据分析能力，发现运维数据质量、安全风险等问题，提供专项评估治理方案，并针对风险防范、监控预警、应急处理等内容形成一套持续化运营机制，再根据成效评估进行改进，以推动整个实践过程的持续性建设。同时，持续运营还有助于不断评估资源，确保落实资源保障。以下将从质量监测、数据可视化、资源保障三个方面介绍运维数据治理的持续运营。

11.2　发现"不匹配"：质量监测

在分析运维数据质量管理时，重点要围绕数据管理生命周期、影响数据质量问题因素、"管理＋流程＋平台"的质量管理措施，本节分析的质量监测重点是针对数据治理的事中和事后两个环节，监测重点针对事中与事后，良好的质量监测应该在事中由机器主动发现问题，对主要问题进行控制，并基于更全面的事后分析提出数据质量涉及的组织、流程、平台方面的问题。所以，本节提到的质量监测重点是通过数据运营发现治理的策划与建设不匹配，包括组织架构职责与能力的不匹配，流程与实际实施过程的不匹配，平台能力与治理需求的不匹配。从实施角度看质量监测的运营，可围绕"指标、感知、决策、执行"四个环节。指标指建立质量测试的数据指标；感知指建立围绕质量监测指标告警与响应的机制；决策是针对指标告警建立质量管理优化决策；执行指跟踪质量指标告警决策执行的落实。

11.2.1　运维数据质量感知

明确数据质量感知指标。影响运维数据质量的因素有很多，要实现自动化的质量监测需要对数据质量问题的表现进行抽象，比如可以考虑围绕完整性、一致性、准确性、唯一性、及时性、有效性、可用性等质量评估指标的大方向，细分为质量管理的技术指标与业务指标。

（1）技术指标
- 完整性：针对数据不存在或缺失的数据记录占比设计完整性指标，比如对于运维指标体系指标的每个属性应该有明确的值，将存在"空""未知"的属性与全部记录数进行占比计算。同时，对于重要的指标数据，也可以当不完整的指标出现时，发出告警。
- 唯一性：针对数据唯一性约束的数据，比如基于数据层面的主键约束或其他批量检测方法，当出现违反唯一性的数据时，需要对异常数据进行告警提示。

- 有效性：针对实际的数据是否在预先定义的数据范围内，比如字段超长、数值格式不对等，当数据的数值或格式与定义不符时，进行告警提示。

- 及时性：针对实际数据的采集、接口响应、数据输出的时效性进行监测，判断是否在预先定义的业务应用需要的时间范围内，当无法及时提供数据时，进行告警提示。

（2）业务指标

- 精确性：针对实际数据是否能够达到业务需要的精准度，比如监控基线计算需要达到秒级的性能数据，监控系统是否能够提供相应粒度的性能指标数据，如果数据无法达到精确度要求，则进行告警提示。

- 一致性：同一个数据在不同的指标中应该是一致的信息，比如同一个网上交易系统的交易量数据在运营效能、交易监控等指标中应该一致，如果不一致，则需要进行告警提示。

- 可用性：针对数据可获取、可满足业务需求的数据，这方面可以建立数据反馈机制，在线从用户端监测数据的可用性，当有异常反馈时，进行告警提示。

具体的数据指标还需要根据上述的质量指标方向进行细分，比如对配置数据、监控指标数据、监控告警数据、运维指标体系中的数据等进行个性化的指标设计。

实时在线感知质量问题。确定数据质量指标后，下一步是量化与运用指标，并对指标进行在线的监测与综合分析，以实时感知运维数据的质量状况。针对数据质量的感知，可以考虑以下策略：

- **数值监测**：这是最基本，也是最好用的质量监测手段，即对某个指标设置固定阈值，利用监控轮循或定时检查单个运维数据质量指标的异常和突变等情况，技术上可以采用基于数据库 SQL、日志关键字等方法。

- **波动监测**：设置动态基线，比如同比、环比，或者智能化的基线，监测质量指标的同比或环比波动率，以及与基线的偏离度。这种策略针对数据根据时间或环境周期规律性变化场景尤其有效，可以减少数据监测的误报情况。

- **关联监测**：进行多维指标监测，即将多个质量监测指标进行组合式的监控发现。这种策略主要是针对单个指标无法发现问题，需要多个指标组合起来才能发现数据异常的情况。
- **完整性监测**：对数据量、分布率、文件是否存在等数据完整性进行监测。这种监测需要根据具体数据类型制定不同的监测策略。
- **及时性监测**：通过接口、时序数据等方式，监测数据的及时性、有效性和性能，比如监测文件接口采集程序是否正常启动。
- **可用性监测**：对与数据生命周期相关的采集、存储、计算服务进行监测，以发现可用性问题。另外，可以在数据应用层建立实时的用户数据异常反馈功能，实时收集用户对于数据异常的反馈。

有条件的组织可以建立统一的数据质量管理平台，质量管理平台包括感知能力需要的指标定义、质量监控、绩效评估、质量分析、质量报告、质量问题及时告警等功能。也可以采用"小步快跑"的方式，复用企业已有的监控与数据运营的能力。一方面，运维组织的监控体系在能力上基本能满足，在制定相关数据质量感知监测时，应该基于数据流动生命周期，在监控体系中设置运维质量指标的实时监控感知能力。另一方面，对运维数据质量进行更全面的分析，在分析的方法上要对重要数据维度的数据质量情况进行分析，比如基于"完整性、一致性、准确性、唯一性、关联性、及时性"的整体性分析，或基于某一类数据、某一个系统等维度进行问题与趋势分析，以便质量运营分析角色与数据业务角色能够有针对性地进行质量改进，建立提供多种主题的统计分析报告和看板，支持不同角色自定义扩展符合自身需求的质检数据，满足用户的个性化需求。此时，引入低代码、可配置的解决方案是必要的技术实现方式，从广度与深度上发现数据质量问题。

11.2.2 制定异常优化决策

建立数据质量的感知能力，发现数据异常，下一步是针对数据质量异常制定优化决策。运维数据质量的优化决策是帮助运维组织将原本杂乱的数据转化为有序的数据资产所制定的决策。

（1）建立数据异常决策闭环

数据感知环节发现数据问题，是为了进行数据优化，所以需要参考运维监控的管理模式，对感知环节发现的数据问题进行响应，所有问题都需要制定相应的问题应对决策措施，包括针对性地对异常数据进行数据修正，以及数据异常背后存在的其他流程、机制的问题。

（2）进一步加强数据标准的落地

运维数据质量的完善需要以数据标准作为指导，以质量指标作为感知。由质量监测感知发现的质量问题，一方面可以分析哪些标准未得到有效落实，分析是组织架构、人员能力、流程机制、技术平台哪方面的不足，并制定相应的决策任务；另一方面，对于不合理的标准细则，进行必要的优化修订的决策。

（3）加强数据清洗过程管理

在运维领域，主要的源端数据来自成百上千的业务系统的应用日志，多种硬件厂商输出的硬件日志，多种软件厂商输出的监控指标等数据，源端数据的标准化需要一个持续优化的过程。此时，对数据清洗过程的优化决策是一个比较好的切入点，通过规范运维数据的采集、录入、传输、处理等过程，加强更正、统一、修复错误数据的能力，并对数据进行归并整理，从而使运维数据的应用更加有效。

11.2.3　跟踪决策执行落地

质量监测感知发现问题，决策环节制定针对问题的改进方案，决策的下一步需要落实执行。由于运维组织有大量的琐事，随着数据感知能力的提升，可预知将发现大量的数据问题，要对质量决策发现的问题进行跟踪执行并非易事。

（1）能自动化执行的尽量自动化

从传统运维工作看，传统运维主要以被动响应式的工作模式为主，比如值班巡检、监控报警的处理、业务或服务台转派的请求工单、清算批次跟进、变更操作等工作事项，这类工作具有一些特征，即重复性、可预测性、常规工作流等，我们将具有上述特征的工作定义为运维琐事。Google的 SRE 鲜明地提出用自动化消灭琐事的思路，笔者的理解是并非消灭琐事后面的工作，而是用自动化的方式改变工作模式。自动化执行的思路同样适用于数据质量决策的执行，即围绕数据感知、决策、执行建立一个自动化的闭环，将能自动化执行的数据质量优化自动化。

（2）数据质量优化执行任务化

自动化执行能解决部分已知数据质量问题，但仍有大量问题需要人工介入，甚至多方协同解决。此时，将数据质量问题任务化，将有助于建立线上化的数据质量管理模式。将执行任务化，一方面有助于团队协作，线上任务有助于打破团队和职位的壁垒，以任务组为单位，以目标为导向，注重任务的分解、协作、监督、反馈，以及绩效统计，能提高任务执行的效率；另一方面，任务线上化后，可以清晰地看到数据质量执行任务的当前状态，有助于对执行任务进行全周期的管理。

（3）加强人机协同的任务执行跟踪

以往在运维流程的管理中，为了推动流程的有效运作，会设置流程经理等角色负责流程的监督、优化等机制，比如问题经理会持续对未解决的问题进行跟踪，值班经理会对值班发生的事件进行监督，服务台会对 IT 服务请求的二线解决进行监督，这种靠人工监督的方式既低效，又容易遗漏。引入人机协同的方式，是将任务的执行通过机器人的方式进行督促，比如利用企业内即时通信工具里的机器人进行任务跟踪管理，即时触达任务节点的协同人员。

11.3　运维数据的可视化

可视化是一个被误解和低估的运维基础能力，误解为"可视化是面子工程，华而不实"，低估为"可视化是锦上添花，可有可无"。生活中 2C 应用的设计、交互越来越好，苹果、微软大厂带来的扁平式设计方案更是引领应用行业，当我们身边的同事 / 用户早已习惯了更好的应用交互体验后，企业内进行工具开发的团队也迫切需要花精力在工具的设计方面，而可视化就是设计的表现形式。所以，在运维数据治理的数据运营中，利用好数据可视化将会带来事半功倍的效果，可视化是运维专家在数据治理经验的数字化落地形式，可视化是数据治理有效运营的必要条件，而且可以简化人对海量运维数据的探索门槛。

（1）可视化：简化对数字世界的认识

可视化可以简化对运维数字世界的认识。各种交互优秀的 App 让我们能够更好地探索生活，在复杂的 IT 运营管理世界里也需要有良好设计的工具。由于 IT 运营管理中会用到很多工具、数据和流程，我们需要一个可视化的解决方案来简化探索 IT 世界的门槛。可视化是专家经验的数字化落地形式。工具的引入本质上是为了替代专家经验式的手工操作方式，专家经验是以人为中心，带有人的思想在里面，要让工具更好地落地需要让工具带有人的情感交流思想，否则工具的替代会带来很多阻力，甚至失败。可视化是表达人思想的手段，运维开发人员需要了解用户，了解用户与用户、用户与机器在交互过程中的思想传递，通过工具的可视化传递专家用户的思想，并能与其他用户进行思想的交流，让工具更快、更易转化为生产力。

（2）突出效果：可视化的关键点

好的可视化并不代表要达到酷炫的效果，重点是用对组件。用对组件，"相貌平平"的图表就足够让数据可视化"才华出众"，数据可视化的制作强调做有效的图表，从根本上讲，内容才是使图表具有吸引力的法宝。如果图表制作得当，那么信息就会以最清晰有效的方式映入读者眼帘。此时，没有多余的颜色层与过多的修饰来扰乱信息的清晰度。颜色、图表的类型不是为了修饰，而是为了传达信息，如果有必要，应该大胆地简化可视化的形式。使用组件还有一些经验。

传达的信息要客观、准确。这不仅仅指数据要客观，也指选择的表达方式所传达的信息也要准确，比如因为条形图给读者传达的是数值，如果不是从零开始会让读者误解；Y轴的应用如果比例选得不好，会让变化程度过于夸张或平缓；两个数量级差很远的数据，如果选了比例可能也会让读者误解……这就要求在制作图表的过程中，要对数据的准确性以及表达出的观点的准确性进行评估，以免让读者误解。

简单、简单、简单。有时候少即是多，如果图表能将信息表达清楚，就不要进行过多的修饰，这一点与现在很多BI工具色彩多样化，各管各的表达方式不同。简单还表现在字体、颜色的使用，单个图表是否需要多维变量的展示（除非多维变量是关联的）等，总之要知道不是越多越好，越丰富越好。

选择正确的图表来表达。比如，折线图看趋势、波动，条形图看散点的值，饼图看比例等。选择何种图与想表达什么信息给读者相关，切不可为了美观而选择图表。

（3）运维数据治理可视化表达方式

运维数据治理可视化可以包括实时的数据治理看板、周期性的数据治理报告和即时触达的数据治理信息。看板主要针对实时性的指标数据，用户基于看板可以看到实时数据的变化，设计看板时，一方面要保证数据的及时性，比如数据质量问题看板、安全策略触发的数据事件等，另一方面要设计看板主题，减少过于复杂的数据看板。报告主要针对周期性的数据质量变化，与看板不同的是，报告上的数据是某个时刻的数据快照。数据看板与报告数据增加后，关于看板与报告的使用是需要关注的问题，此时，需要将看板与报告整合在某些事件流程中，抽象与事件相关的关键数据信息，即时触达具体的人。

（4）运维数据治理可视化内容

可视化内容主要包括：数据治理管控能力数据，比如运维数据质量管理、安全管理等管理、标准执行等数据，以评价数据治理管控水平；运维主数据涉及的指标体系数据、元数据涉及的配置数据等运维应用数据，以发布运维数据资产服务；运维数据治理的效能数据，即建立运维数据治理工作是否有效的绩效指标，一方面，可以衡量运维数据治理工作是否正在往正确的方向运作，另一方面，也为获得资源保障提供数据支撑。

11.4 实施数据治理的资源保障

传统运维组织在启动与实施数据治理时通常会面临一些困难，比如，应用层的运维数据分散在各类业务系统中，企业经过多年发展，积累下各类系统架构，数据标准很难统一；运维平台虽然在一定程度上汇集了部分主题的数据，但是不同类型的运维平台在建设时规范化不够；运维数据数据量大、种类多、格式杂、非结构化数据多、数据清洗工作量大；运维组织缺乏运维领域的数据制度、标准、岗位能力建设等。总的来说，运维数据治理对于运维组织是一项全新的、持续性的建设工作，要让运维数据治理持续地推动下去，需要通过持续的治理运营，发现实施风险，优化治理管控机制，推动数据资产价值，获得管理层支持，落实资源保障。

（1）运维数据治理的持续推动面临多维度风险

运维数据治理的实施主要面临组织管理风险、数据质量风险和数据转换风险。组织风险主要是运维组织没有建立运维数据治理的组织角色与分工，领导不重视，这个风险主要出现在治理工作前期，因为对运维数据治理没有充分的重视，随着系统的建设，管理问题不断出现。数据质量风险涉及的准确性、完整性、一致性、唯一性、有效性等问题在前面已经多次提到。数据转换风险主要是在数据加工过程中带来的风险，由于很难对所有源端系统进行完善的标准化，往往需要在后期进行数据清洗与转换，而数据转换是一项复杂的工程，如果方法有误，就容易造成数据丢失、数据不完整、数据不一致等风险。另外，还有缺少有经验的数据治理专家、治理权责归属涉及各方利益冲突等风险。运维数据治理的运营需要对治理工作相关的风险保持敏锐的观察力，及时协调资源解决风险问题。

（2）持续优化运维数据治理管控流程

运维数据治理涉及运维数据流动的全生命周期管理，流程的梳理是对数据质量的重要保障，管控流程主要包括：标准规范涉及的标准管理流程，比如标准的分析、制定、审核、发布、应用、反馈等；操作规程涉及的业务流程、质量管理流程、安全管理流程。由于运维数据治理是一项全新的工作，运维组织需要基于总体的治理标准规范，持续地审视流程上的不足，群策群力，在修正中不断地完善运维数据治理的管控流程。

（3）推动运维数据资产价值的运营

运维数据资产价值的运营目标是使运维数据真正赋能于运维组织的价值创造，即提高业务连续保障水平、提升业务交付效率、辅助提升客户体验、提升 IT 运营服务质量四个价值创造。比如，在提升 IT 运营服务质量上，利用运行数据运营分析辅助业务决策，利用运维数据分析、数据可视化、终端拨测、性能管理等工具，为业务提供应用运营效能、业务状态感知，以及相关新产品或需求的实时运营状况，帮助业务更快地感知新业务的落地情况，适时调整运营方式。在提升客户体验上，利用应用日志、性能管理、网络报文、功能监控、业务拨测、各类 SLI 等数据，提供客户体验分析。运维数据价值的运营可以考虑从机会识别、现状评估和场景切入的方式进行推广。

（4）持续争取领导的重视

一方面，作为一个自上而下的系统性工作，运维数据治理涉及业务范围广、协调事项多，在各团队之间的数据应用环节的沟通、问题整改等工作，需要有话语权的领导来强力支持治理工作的落实。另一方面，数据治理工作需要在组织架构、人才培训或引入、平台建设等方面获得持续的投入，需要领导高度重视，将领导列入治理工作流程与项目成员中，形成考核评价体系，以获得各方人员对于治理工作的重视。

11.5 小结

- 在运维数据治理的持久战中，运维组织需要围绕运营的思路，驱动运维数据治理水平持续提升，基于运维数据分析能力，发现运维数据质量、安全风险等问题，提供专项评估治理方案，并针对风险防范、监控预警、应急处理等内容形成一套持续化运营机制，再根据成效评估进行改进，以推动整个实践过程的持续性建设。

- 持续的运维数据治理运营有助于不断评估资源，确保落实资源保障，主要包括质量监测、数据可视化、资源保障。
- 质量监测的运营围绕"指标、感知、决策、执行"四个环节。
- 质量监测感知是指建立围绕质量监测指标告警与响应的机制；决策是指针对指标告警建立质量管理优化决策；执行是指跟踪质量指标告警决策执行的落实。
- 运维数据治理可视化包括实时的数据治理看板、周期性的数据治理报告和即时触达的数据治理信息。可视化内容主要包括数据治理管控能力数据、运维应用数据和运维数据治理效能数据。
- 运维数据治理的资源保障主要包括：发现实施风险，优化治理管控机制，推动数据资产价值，获得管理层支持，落实资源保障。

案例篇

知之愈明，则行之愈笃；行之愈笃，则知之益明。

—— 朱熹

某股份制银行运维指标体系管理实践

12.1　新运维对运维指标管理的新挑战

　　某股份制银行（以下简称 A 银行）IT 系统在云化、容器化、中心化、微服务、信创等架构迭代演化进程中，系统架构、业务逻辑、功能调用关系越来越复杂，面对新架构演进过程中带来的 IT 运行风险，运维管理难度日益凸显。基于数据驱动的运维方法有助于建立数字化的运维新模式，以应对运维组织所面临的 IT 风险。但由于 A 银行现有应用系统经过长期烟囱式建设的沉淀，数据互通困难，很难真正落地数字化运维。A 银行数据中心期望结合业务场景，收集比较完整的 IT 指标数据能力，亟待一套指标数据分析体系为 IT 管理域的智能运维和业务分析提供可量化、可视化、集约化的决策支撑。

　　然而，A 银行在实践指标管理体系的过程中遇到了以下几方面的挑战。

　　（1）跟跑智能运维新理论的挑战

　　智能运维虽然已经发展几年，但仍处于探索阶段。指标管理体系实践过程中需要持续学习、吸收智能运维领域中像 DCMM、DAMA、IT4IT 等标准的新理论体系，才能让指标管理体系发挥出对业务智能运维的巨大推动作用。

（2）统筹全运维数据源的挑战

A 银行正处于由传统转向互联网的转型期，云计算、大数据等新兴技术也在逐步开展，而且银行业需要海量的 IT 计算力和实时的响应速度才能满足持续推出创新业务的诉求。简言之，银行业运维数据源的数据量在增加，而业务部门对实时处理响应时间的期望值在缩短。

此外，对于单个业务部门的指标数据，可以依赖个人对业务场景的经验快速做出判断，并应用于 IT 运维管理工作。但银行系统时时刻刻都会产生海量的指标数据，IT 管理人员无法判断指标数据对于业务的重要性和优先级，更无从下手梳理指标数据与业务的关联性，从而无法聚焦某个业务场景内的指标数据，导致指标数据无法发挥出其潜在的价值。

（3）组织内部数据管理的挑战

在企业内部，各部门根据战略负责各自专业范围内的数据管理工作。团队之间相互独立，仅存在少量的信息协同，缺少总体统筹负责的组织和质量控制机制。因此，在企业建设运维指标体系时，需要充分调用企业相关的所有资源，只有形成全面、有效的管控体系，才能确保运维指标体系建设的各项工作在企业内得以有序推进。

（4）运维指标管理工具建设的挑战

A 银行在转型过程当中建设了很多工具，导致监控系统零散、数据分散，无法准确直观地展示指标数据，存在数据存储分散、扩展能力差等问题。在运维管理过程中，也存在着排障效率低的现象。因此，需要建设统一的运维指标管理工具，作为数据管理的抓手，逐步建立一整套面向业务和 IT 的运维指标体系。

（5）持续创新智能算法融合分析的挑战

银行数字化转型正在挑战 IT 的组织和管理方式，技术正在越来越多地集成于业务，IT 不再局限于技术支持，更是创新的推动力。银行业由于自身的特性，对于加速创新数据与算法融合分析的诉求迫在眉睫，而针对业务场景创新的智能算法模型正是解决此类诉求的不二法宝。

12.2 指标体系管理的建设目标

运维指标体系是将零散单点的、具有相互联系的指标，系统化地组织起来，形成一个由多个指标按照一定逻辑关系组成并服务于特定目的的有机体系。

运维指标体系应遵循以下原则。

业务性：本质上，指标体系是对业务理解的量化呈现。

目的性：指标体系构建应有明确的目的，基于不同目的可构建出不同的指标体系。指标体系的目的可以是事前引导、事中监测、事后评估，可以是服务于组织整体、特定部门、特定业务或特定的业务场景。

结构性：指标体系并非"铁板一块"，而是一个分级、分层、模块化的体系。指标体系可分领域（横向）、分层次（纵向）、分模块、分业务场景。一个大的指标体系，还可层层分解为多个指标体系。

逻辑性：指标体系必须体现或依托于一定的理论逻辑、框架或模型，否则，指标体系将缺乏逻辑自洽性，其结果也缺乏解释力。以 IT 服务管理为例，基于 ITILV2、ITILV3 或 ITIL4 构建的服务指标体系是有差异的。

整体性：指标体系应形成逻辑自洽的有机整体，层次清晰，结构合理，重要指标不缺失，指标之间不重复、不冗余。在实践中，由于指标体系的整体性不足，业务上线后经常发现数据不够用，缺失指标或维度，导致业务团队需要重新更改设计和开发埋点，数据团队需要重新采集、清洗、存储数据。

运维指标体系管理建设需要围绕最终的智能运维目标开展，解决在智能运维落地过程中涉及的各种场景化问题，如图 12-1 所示。

（1）从管理维度分析运维指标体系建设

将业务与 IT 进行层次化建模和多维度的指标管理，实现针对关键业务与 IT 运维的 KPI 健康度描述。基于指标库构建健康度检查能力，及时反馈系统运维运行情况。建立内部数据质量管理制度，针对数据全生命周期，包括数据采集、数据传输、数据处理、数据存储、数据质量、数据服务等进行管理，以数据质量提升为导向，形成一整套闭环的运维指标体系，并贯穿数据管理全生命周期，通过运营指标度量数据质量，并将运维指标体系建设管理作为一项常态化的工作开展，这对提升 A 银行整体的数据质量起到重要的推动作用。

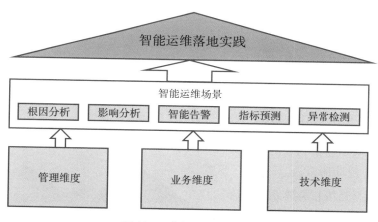

图 12-1　指标管理建设目标

（2）从业务维度分析运维指标体系建设

基于丰富的技术栈，形成业务系统全局拓扑，通过业务系统拓扑，快速分析业务系统组成关系、业务流转过程及各模块健康状态，帮助 IT 人员掌握业务系统整体运行状态。

- 通过统一的工具平台对业务系统进行监控，实现实时反馈系统运行情况；
- 直观地了解业务子系统中各 IT 应用系统的运行态势；
- 通过建立运维指标体系管理规范，保证数据完整性、一致性和可复用性。

（3）从技术维度分析运维指标体系建设

基于大数据技术和机器学习算法，对来自各种监控系统的告警信息与数据指标进行统一的接入和处理。基于动态基线等多种算法，实现事件异常检测、根因分析、智能预测等功能。

- 通过建立指标体系，可以清楚直观地利用指标的关联关系快速定位故障点，进行根因分析和影响分析；
- 通过指标为管理层提供决策的依据；
- 通过指标度量，实现提升运维管理过程中的效率、量化采集覆盖率和容量预测等能力。

12.3 建设方案和落地实践

12.3.1 指标管理体系的顶层设计规划

一套完善的指标管理体系应基于组织业务和 IT 运维管理进行顶层规划，将各个业务系统的孤立数据进行分类、分层，从而通过更系统化、更有层次的方式来展示业务场景的指标数据，如图 12-2 所示。

A 银行运维指标体系的实施落地项目基于顶层指标管理驱动，从业务管理需求出发，自上而下逐层展开。而具体业务指标则以业务系统为导向，自下而上逐层筛选，最终构建了一套立体化的指标体系，并且工具平台具备业务场景健康度集中展示等能力。

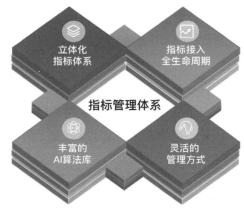

图 12-2 指标管理体系

首先，针对银行业务特点和业务部门需求，进行运维指标体系建设咨询，对核心业务系统进行指标调研，对 IT 数据和业务数据进行指标分类、分层梳理，并明确数据来源、采集方式和计算方法，形成指标规范与管理制度。其次，结合指标调研结果和指标规范，形成最终具有组织特色的运维指标管理体系。

12.3.2 "三阶段"实现指标体系落地

1. 咨询阶段——运维指标体系调研

（1）聚焦业务场景，梳理运维指标——找指标

通过业务系统调研，梳理 A 银行的核心业务，包括线下支付（比如柜面存款）、线上支付（比如手机银行）、财富管理和核心系统等，根据业务关注度和用户体验影响度，同时结合业务部门的汇报报表和领导决策时参考的业务指标，梳理出核心业务场景和所涉及的 IT 运维关键指标，梳理指标统计维度，确定数据指标来源和采集方式，如 Agent、API 等方式，明确指标计算方法，见表 12-1。

表 12-1 业务指标

业务场景	业务指标（衍生指标）	单位	计算指标
柜面存款	交易量	笔	交易成功量、交易失败量
	交易成功率	%	
	交易变化率（同比、环比）	%	
	新增用户量	人	新增用户量、累计用户总量、活跃用户量
	新增用户变化率（同比、环比）	%	
	活跃用户量	人	
	活跃用户变化率（同比、环比）	%	

（2）基于 IT 规划，分层梳理指标——理指标

经过调研银行 IT 系统的数据，梳理出支撑银行核心业务的应用系统，比如全渠道支付系统、支付前置系统、支付清算系统等。以 CMDB 管理的模型及对象的层级结构关系为基础，构建 IT 监控资源的层级化指标管理体系，按照自上而下的依赖关系分为 4 层 IT 运维指标监控体系：业务应用层、基础组件层、主机层和网络层。结合组织级对指标的管理分层及实践经验进行指标分类分层，各层指标之间的依赖拓扑关系矩阵如图 12-3 所示。

图 12-3 指标分层

如图 12-4 所示，搭建完成指标管理体系的架构分层后，结合核心业务指标，利用以结果为导向的逆向思维对各层指标的权重进行评定。通过对指标权重分配的方式加权计算，量化各项技术指标的影响力。对指标进行生死指标、关键指标、标准指标的分类评级，以更准确地量化定义每个指标对业务主体健康度的权重，该方法是建模业务场景健康度的重要影响因素，即通过加权计算所有技术指标的权重获得业务场景的健康度评分。

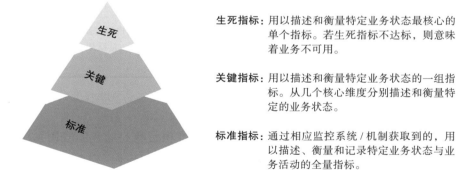

生死指标：用以描述和衡量特定业务状态最核心的单个指标。若生死指标不达标，则意味着业务不可用。

关键指标：用以描述和衡量特定业务状态的一组指标。从几个核心维度分别描述和衡量特定的业务状态。

标准指标：通过相应监控系统/机制获取到的，用以描述、衡量和记录特定业务状态与业务活动的全量指标。

图 12-4 指标分类

以银行柜面系统运维指标体系建设为例，经过定义健康度、设置权重后，建立起覆盖柜面存款业务的健康度模型，示例如下：

- 柜面存款的生死指标：交易成功率——体现业务可用性的单个指标；
- 交易成功率的计算方式：单位时间内的交易成功数除以相同时间的交

易总数；

- 柜面存款的关键指标：请求成功率和平均响应时间——直接影响业务态势的一组技术指标；
- 指标解读：当成功率低于预期阈值时，直接说明终端用户在使用柜面存款的功能时，业务操作频繁失败，进而影响用户的用户体验，导致客户流失率提升；
- 柜面存款的标准指标：内存使用率和 CPU 使用率——与业务态势相关的监控类技术指标；
- 指标解读：当主机层物理资源的 CPU 使用率或内存使用率突升时，可能会引起 IT 应用系统单节点的不稳定，但在微服务化、分布式架构的背景下该风险不会蔓延影响到业务层。

柜面存款的指标级别评定见表 12-2。

表 12-2　指标级别评定

业务场景	指标名称	权重占比	指标状态级别
柜面存款	交易成功率	90	告警
	交易量	50	告警
	接口请求量	50	正常
	平均响应时间	20	告警
	事务处理成功率	50	正常

2. 建设阶段——运维数据平台建设

（1）构建运维数据平台——管指标

通过建立智能化运维数据平台，梳理主机、存储、网络、操作系统、中间件、应用组件、交易、日志等重点指标并进行标准化处理，如图 12-5 所示，实现重点指标采集、加工、清洗、整合后分钟级入库的精度要求。同时，提供以实时精准决策为主，离线分析为辅的运维数据统计、分析服务，满足故障检测、故障定位等数据消费场景要求。

（2）建设运维指标库——管指标

整理纳管业务应用层、基础组件层、主机层和网络层等所有类型的指标数据，建立指标库模型，对指标进行标准化定义、分类和属性划分，满足对指标的统计、管理、质量审计和维护的场景要求，基于指标库构建健康度评价能力，根据系统特性个性化配置指标项权重，及时反馈系统运维运行情况，如图 12-6 所示。

图 12-5　指标管理

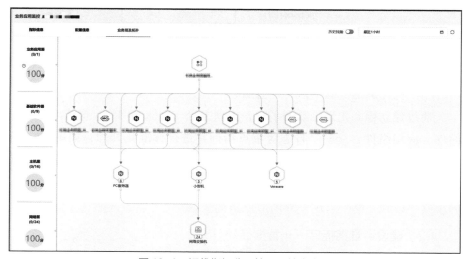

图 12-6　运维指标分层管理及健康度量

3.应用阶段——建立智能化业务场景分析

建立重要系统画像，提供交易量、响应率、成功率、响应时间等通用指标，并按照不同维度统一指标，如交易类型、渠道统计等。集成配置管理（CMDB）数据，综合展示应用与基础资源的依赖关系以及指标运行情况。通过对业务系统指标健康度的评价，直观展示与数据统计相结合的方式辅助运维人员进行业务影响性分析、容量预测分析、报告报表展示等提升监控管理过程的整体能力，示例如图 12-7 和图 12-8 所示。

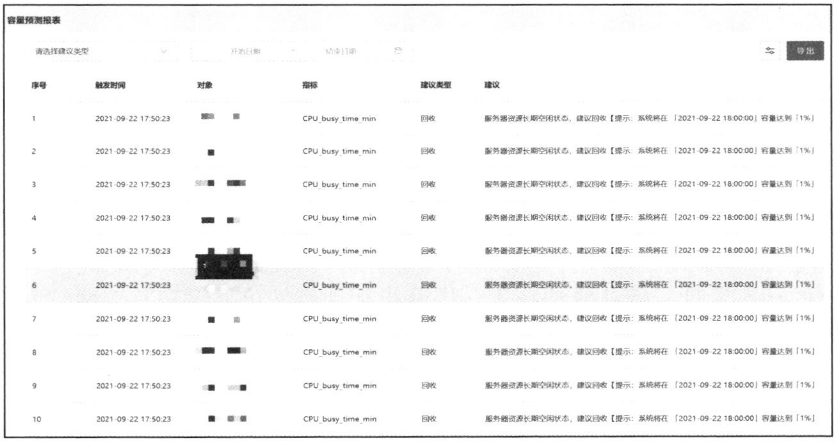

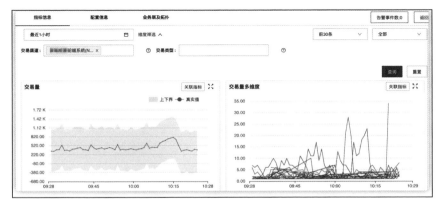

图 12-7　容量预测报表

图 12-8　不同维度的指标统计

12.4 运维指标体系建设价值成果

A 银行通过建立运维指标体系，取得了以下成果。

（1）提升了数据集成及共享能力

通过建立运维数据指标体系，实现对数据的统一分类分层纳管，实现"全、易、准"的数据指标管理和数据基础服务。A 银行建立了高效、开放、异构、弹性的运维数据工具平台，实现对异构数据源的关联分析，故障的快速定位，容量预测等能力，从而大大提升了技术运营的能力。

（2）提升了管理水平，实现分析决策

分析决策：技术部门通过建立运维数据平台，充分利用了可视化技术，为决策提供更细结果的直观展现。通过完善数据采集和处理，进行结构化和非结构化信息的整合，实现分析外延的拓展，从而制定更合理、更有效的管理策略。

资源配置：依托运维数据平台的数据采集和计算能力，实现精细化、科学化的动态管理。依托算法技术，提升指标预测的可靠性和有效性，为总体资源配置提供更好的数据支撑，实现对具体资源配置的动态管理。

运维保障：基于流数据处理技术，建设运维数据平台，实现交易状态、交易量、响应时间和成功率等指标的实时获取，实现实时、准确、全面地掌握各业务系统的运行状况，结合可视化分析技术实现事件的智能分析与实时干预，保障业务运行稳定高效。

通过结合业务与运维的可视化设计理念，提升了业务运维效率，提高了业务黏合衔接运维的透明度，并基于度量驱动流程进行优化，形成了高效协作、高度授权和持续改进的组织数据文化。

| CHAPTER

某省级运营商新一代配置管理建设

13.1 新一代配置管理面临的挑战

近年来，随着数字化进程的加快，IT 与业务的关系越来越紧密，IT 就是业务。确保 IT 系统持续健康的运行是保障用户体验和业务发展的基础。在某省级电信分公司内部，随着云计算、大数据等新技术的不断应用，结合数十年 IT 建设的"包袱"现状，业务系统架构变得越来越复杂。复杂多变的业务需求与技术架构导致传统的运维工作面临着空前的挑战。

如何通过良好的组织管理策略掌握 IT 数据资产的对象属性以及对象间的链接关系并为上层的运维场景提供数据支撑，一直是运维基础保障建设的难题。运维部门只有对 IT 环境中的数据有深入的了解和有效的管控，才能高效地对 IT 环境进行控制、维护和改善。运维数据资产作为 IT 运维的"眼睛和大脑"，记录着 IT 环境中所有重要的数据及数据间的关系，如何利用好配置管理数据并有效支撑业务，是行业多年来一直在力图攻克的难题，该省级运营商结合前期项目的经验沉淀，提出了新一代配置管理建设的课题与任务。

当企业处于不同的发展阶段，所面临的挑战也有所不同，在运维平台化阶段，痛点可能是配置数据的准确性、配置数据的自发现能力；而如果处于以业务为中心的配置管理阶段，痛点可能是横向关系的自发现能力，等等。

虽然不同的发展阶段，CMDB 面临的痛点有所区别，但也有一些共性的表现维度，如数据质量、数据模型扩展性、数据实时发现能力、数据消费能力等。

- 配置数据质量

CMDB 数据被运维工具、DevOps 效率工具、IT 项目管理、IT 架构规划、合规管理，以及其他企业运营管理工具等相关源端广泛应用，配置数据质量将直接影响场景的有效性。由于企业技术架构正在快速演进，新的基础设施与应用架构不断上线，敏捷的 IT 管理流程不断引入，环境的变化是运维数字世界复杂性的常态化现象，配置数据质量问题在复杂环境下比较突出。比如，配置项（Configuration Item，CI）没有相应责任人，手工维护的配置缺乏流程机制约束；自发现配置程度不高，手工录入数据过多，数据准确性较差；缺乏对异常配置数据的根因分析；配置项数据维护依赖于人工，数据发生变更时不能及时同步，维护成本高；联邦的多个配置库缺乏互联且存在数据重复，带来不一致的问题等。解决 CMDB 配置数据质量，除了在组织、流程层面进行设计，还需要在线上进行流程整合，以及在平台层面优化来自多源配置库的一致性、配置自发现能力、配置数据运营等能力。

- 配置数据模型扩展性

运维数字世界在快速变化，IT 环境日益复杂，云环境、微服务和容器的兴起，双态数据中心的演进，在全新的 IT 架构下，企业 CMDB 的模型和关系建设愈发困难。适应这种复杂性的变化，在 CMDB 管理过程中，运维组织需要 CMDB 具备快速扩展调整配置模型的能力，但是传统的 CMDB 平台缺乏足够灵活的配置管理。解决配置模型扩展性需要平台具备低代码、可配置的方式，对配置项进行设计、配置、发现、数据异常监测、数据运营等。

- 配置数据实时发现能力

在 IT 与业务融合的趋势下，IT 为了更好地支撑业务，必须更加关注对象之间的相互作用，即 CMDB 除了关注环境对象外，还要关注对象之间的纵向部署依赖关系、横向应用依赖访问关系、运维场景下协同的知识关系。关系数据的维护是一个难点，尤其是在当前系统架构复杂性快速演进的状况下，自动化的配置发现能力是当前平台急需解决的技术问题。CMDB 的平台建设需要提供配置对象数据与辅助分析对象关系的数据发现能力。

- 配置数据消费能力

在 CMDB 以往的建设中，由于很多人将其定位为 IT 资源管理，平台的消费能力不足。将 CMDB 定位为运维数字世界的元数据，CMDB 需要像数字地图一样，就可以被各类应用场景快速消费。一方面，需要 CMDB 在应用场景上，不断挖掘场景，以支撑新技术、新架构下的 IT 运维监控、自动化运维、AIOps 安全审计等各种数据消费场景；另一方面，CMDB 配置需要具备更灵活的开放 API 和 SDK，以支持平台之间更加低成本的消费。

13.2　新一代 CMDB 的建设目标

运维组织要在企业获得更大价值，需要基于企业数字化转型的价值创造，递归传递到运维组织的提高业务连续保障水平、提升业务交付效率、辅助提升客户体验、提升 IT 运营服务质量的价值创造。CMDB 从应用场景出发，从以下四个方面实现价值：

- 数字化 IT 资产管理。对各类 IT 资产进行全生命周期的资产管理，CMDB 需要支持资产管理涉及的流程、登记、自发现、运营、监测等能力，提升容量和性能管控能力，降低运营成本。
- 支撑故障管理场景。故障管理场景不仅是监控告警、ITSM 事件流程、日志工具、应急指挥、数据感知等工具，而且是围绕人、事、环境、工具、时间等组成的场景，场景的时间线包括事前的故障预防，事中的故障发现、响应、诊断及恢复，事后的故障复盘，包括一系列工具集合，CMDB 要成为支撑工具整合的桥梁。
- 支撑 DevOps 的 CI/CD 场景。CI/CD 是 IT 组织提升需求交付速度的平台工具，CMDB 一方面要提供 CD 自动化发布需要的相关环境配置信息，另一方面，以业务为中心的 CMDB 还将提供相关软件层面的配置管理信息。

- 管理关系数据。打破传统 CMDB 资产管理的局限，从业务视角对企业的软硬件资源进行分类组织和管理，支持跨层级构建模型的业务拓扑关系，复杂异构的业务需求也能轻松满足。

从上面的价值期望看，运维组织需要 CMDB 能力左移，将 CMDB 的价值体现在成本管控、资源调度、软件交付、客户体验分析等环节。到底如何建设 CMDB 配置管理数据库呢？尤其是对于那些体量大、层级多、组织架构复杂、业务场景多的企业来说，CMDB 的建设无疑是一个任重而道远的过程。结合 CMDB 的建设情况，建设思路如下：

- 数据消费场景先行；
- 纵向互通，横向互联；
- 以应用为中心；
- 合理的管理粒度；
- 集中集成；
- 数据消费外延扩展，如金融行业监管报送场景；
- 能自动化的自动化；
- 以图边、图节点表现关系模型。

该省级运营商基于以上期望，在建设新一代 CMDB 时，旨在支撑组织 IT 管理维度的重点工作从面向资源转为支撑智能运维体系的建设与落地，目标如下：

- 以 CMDB 为核心，构建智能运维体系，实现业务影响分析、故障根因定位、容量管理、业务连续性管理及可用性管理；
- 以 CMDB 为基础，实现"资源视角 + 应用视角"的数据管理，具备模型自建、流程引擎、离线采集、智能校验、增量发布、字段级审计等能力；
- 精确的元数据管理为其他平台提供数据支撑；
- 保证数据的准确性，可与其他工具结合以提升效率；
- 完善的审计流程，实现流程化、标准化；

- 资源集中化管理，结合监控平台进行资源优化；
- 为智能运维场景的落地提供数据支撑。

13.3　建设方案和落地实践

13.3.1　新一代配置管理的总体规划

面对智能运维场景的需求，尤其是该运营商 IT 体量大、层级多、组织架构复杂、业务场景多，CMDB 的建设无疑是一个任重而道远的过程。就该运营商的 CMDB 建设来说，为了保障平台的唯一性及准确性，提高 IT 资源的利用率，达到通过技术促进业务管理的根本目的，CMDB 的建设从咨询规划，建立配套的配置管理流程制度，到平台建设及配置实施，再到集中集成，每一个环节都起着举足轻重的作用。

（1）制定合理的规划建设方案

运维平台建设是一个持续适应运维复杂技术环境的过程，CMDB 的建设也是一个多阶段实施且需要关联运维平台共同建设的过程。在评估 CMDB 定位时，可以参考前面提到的 CMDB 不同阶段的发展重点，确定 CMDB 后续项目每个阶段的重点。确定了 CMDB 阶段的定位后，要梳理 CMDB 涉及的管理对象和关系数据对象的范围，核心 CMDB 对象与联邦配置库之间如何互联互通。总的来说，在 CMDB 的规划过程中需要以终为始的思路，先规划基于配置的全景图，再由全景图引导项目的持续建设，如图 13-1 所示。

运维平台建设需从运维数据治理的高度，从运维体系建设的长远视角思考，明确建设目标和建设方案，通过业务咨询调研确认建设目标、覆盖范围、数据消费场景，确定 CMDB 配置管理的规划建设方案。

（2）建立配套的配置管理流程制度

CMDB 配置管理建设不仅要考虑技术、平台，还要考虑使用人员、岗位职责、配置审计等因素，所以组织要有一套行之有效的管理运行机制，来保障 CMDB 的运行和维护。

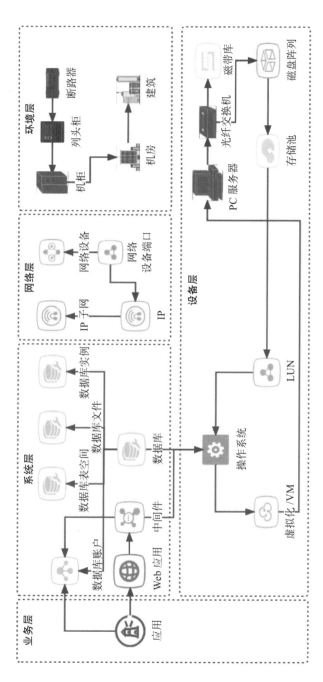

图 13-1 配置全景图

CMDB 配置管理机制包括以下几个关键步骤。首先，制定配置管理策略，通过配置项需求识别完成配置项模型设计，并根据设计模板进行数据收集与标准化。然后，结合运维所需属性，通过规范命名规则，提取各领域配置项关联属性，建立配置项关系。定期审核全部或部分配置项及关系数据，确认与生产环境的一致性，从而确保配置信息的完整性。同时，为保证配置管理数据库中配置信息的完整性和正确性，需要设计配置管理内控流程及工作职责，并在系统内实现。除此之外，需要设计 CMDB 配置管理域其他模块的业务关系和流程关系，以提升整体 IT 运维能力。

（3）采用科学的实施方法论

建设 CMDB 工具平台时，包括以下几个步骤。首先，制定配置管理策略，通过配置项需求识别完成配置项模型设计，并根据设计模板进行数据收集与标准化。然后，结合运维所需属性，通过规范的命名规则，提取各领取配置项关键属性，建立配置项关系。定期审核全部或部分配置项及关系数据、确认与生产环境的一致性，从而确保配置信息的完整性。

（4）充分识别集成业务场景

为了落地规划的业务场景，持续体现配置数据的价值，CMDB 配置管理需要广泛地与周边系统进行集成。通过集成实现的配置数据消费亦能保证配置数据的准确性。通过场景驱动来体现配置数据的价值，主要的集成场景有业务排障、变更风险管控、系统设备管理等。

13.3.2　配置管理的落地实践

1. 咨询阶段——制定合理的规划建设方案

如图 13-2 所示，首先，对 CMDB 建立明确的目标定位，CMDB 需要管理哪些数据，与哪些系统进行交互，为哪些场景提供支撑，通过哪些手段来保证 CMDB 数据的准确性等。在咨询阶段，主要进行资产管理、关系梳理、流程管理、标准建立和支撑智能化场景的梳理。其次，选用符合组织架构特性的 CMDB 分层管理模型，选取单一系统进行调研，确定接入 CMDB 的数

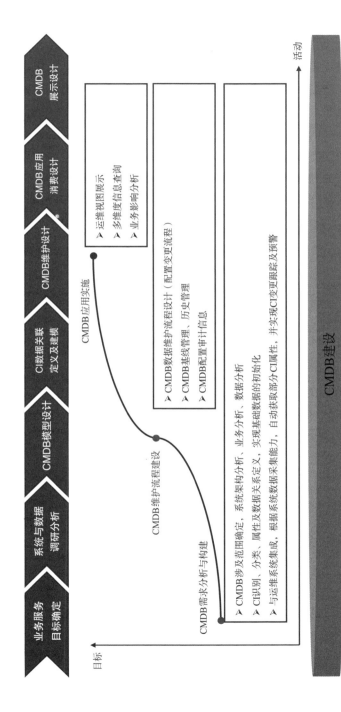

图13-2 CMDB建设步骤

据，包括资产、配置项、资源池、位置信息、应用等信息。再次，梳理配置项间的关联关系，包括业务拓扑、逻辑拓扑、业务树、配置项依赖、事件依赖等。然后，采用流程管控的方式，保证数据的准确性和一致性。最后，建立组织内部的管理标准，包括入库标准、变更标准等，以保证 CMDB 的可维护性。

2. 建设阶段——构建 CMDB 工具平台

在构建 CMDB 工具平台时，需以业务为中心，建立配置档案，实现 IT 资产管理、配置数据管理及配置历史管理，与各管理系统进行数据联邦，实现配置信息的自动采集，展现业务视图、业务影响分析等服务消费。

该运营商在建设 CMDB 工具平台过程中把控了如下要点：

- 识别业务：识别 CI 分类，识别 CI 属性，识别 CI 关系，构建 CI 模型；
- 自动化采集：实现自动化采集手段，完善和补充 CMDB 中的配置信息，降低人工工作量，提高数据采集效率；
- 数据校验：通过审计报告、人工修正等方式对已有数据的准确性进行校验和改进；
- 流程维护：建立 CMDB 数据的维护流程，尤其是变更和配置审计，确保 CMDB 数据的正确性和一致性。

建设步骤主要有以下几个方面。

（1）按照业务需求识别 CI 及其分类和属性

- CI 分类：用于集合相似类型的配置项，如业务系统、服务器等；
- CI 命名规则：配置项的唯一标识信息，用来保证配置项在配置管理数据库的管辖范围内可以被唯一识别；
- CI 属性：关于配置项的一项信息，如名称、地点、版本号、成本等。

（2）按照业务的可用性和容量构建关系

- CI 关系：关系包括关系的起终点、方向和类型，两个配置项之间可能有多种关系。

（3）CI 模型构建

利用 CI 之间的关系可以有效地将相关的 CI 连接起来，形成结构模型，从而为故障和问题的解决、变更的计划和执行提供更直观的参照，图 13-3 是推荐的模型构建原则及构建示例。

1）选择合适的架构模型；

2）在需要的时候增加 / 减少层次（CI 类型）。

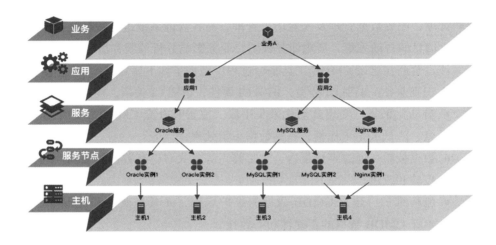

图 13-3 模型示例

通过模型的属性以及模型关系（模型与其他模型之间的关系）来完整地定义一个模型。支持定义模型属性和关键属性，通过关键属性来标识配置项的唯一性。支持动态属性定义，所见即所得。

（4）配置管理流程

1）配置管理策略制定

- 确定配置管理的具体范围；
- 确定 CI 类别、CI 属性和 CI 命名规则；
- 定义 CI 关系类型；

- 整理 CI 收集模板；
- 定制各类配置项的审核周期。

2）配置项定义和标识

- 对所有管理的 IT 环境的所有组成元素进行命名和说明；
- 收集 CI 实体属性，支持定义模型属性和关键属性，通过关键属性来标识配置项的唯一性；支持动态属性定义，所见即所得；
- 明确 CI 实体关系，提供关系类型定义和模型关系创建的功能，同时支持展示模型关系的拓扑视图和列表视图；通过模型关系将模型与其他模型有效关联，为各模型下实例资源间关系的建立提供规则和约束。

3）初始化 CMDB

- 在 CMDB 开始建设或者新增 CI 类别时，进行 CMDB 的初始化；
- 回收 CI 收集的结果；
- 确保数据的准确性和有效性；
- 建立配置管理数据库。

4）CMDB 的控制与维护

- 配置管理员接收其他流程触发的 CI 修改和定期审核结果，包括增加 CI、删除 CI、修改 CI 属性和关系等；
- 核实 CI 更改要求；
- 执行 CI 修改。

5）CI 的审核与回顾

- 通过审核确认 CMDB 中 CI 信息与其他物理信息的一致性，确保唯有授权 CI 被禁用，具体可通过定制审计、对最近的变更进行审计和随机抽查等方式；
- 对配置管理工作执行情况进行回顾，通常是通过召开回顾会议来完成；回顾工作可能会引发配置管理策略的调整。

6）定期生成配置报告

- 定期生成配置管理报告，为其他流程、配置管理回顾和领导提供管理报告。

7）生成配置项基线

- 经过数据采集和确认固化的配置项数据，称为配置项基线。配置管理流程如图 13-4 所示。

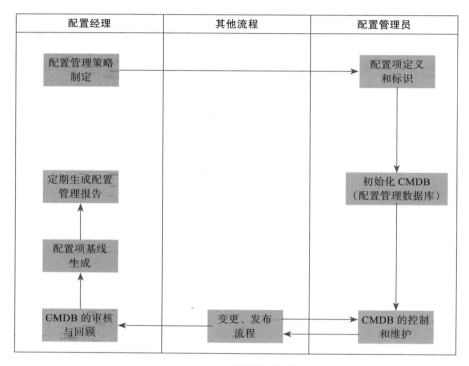

图 13-4　配置管理流程

3. 应用阶段

（1）面向业务的动态建模

该运营商在建设 CMDB 时，以业务视角对软硬件资源进行分类组织和管理，建立了基于业务的分层模型，通过跨层级的模型建立业务关系，满足了异构业务的复杂层级管理需求，并按照业务分层展示了资源拓扑，如图 13-5 所示。

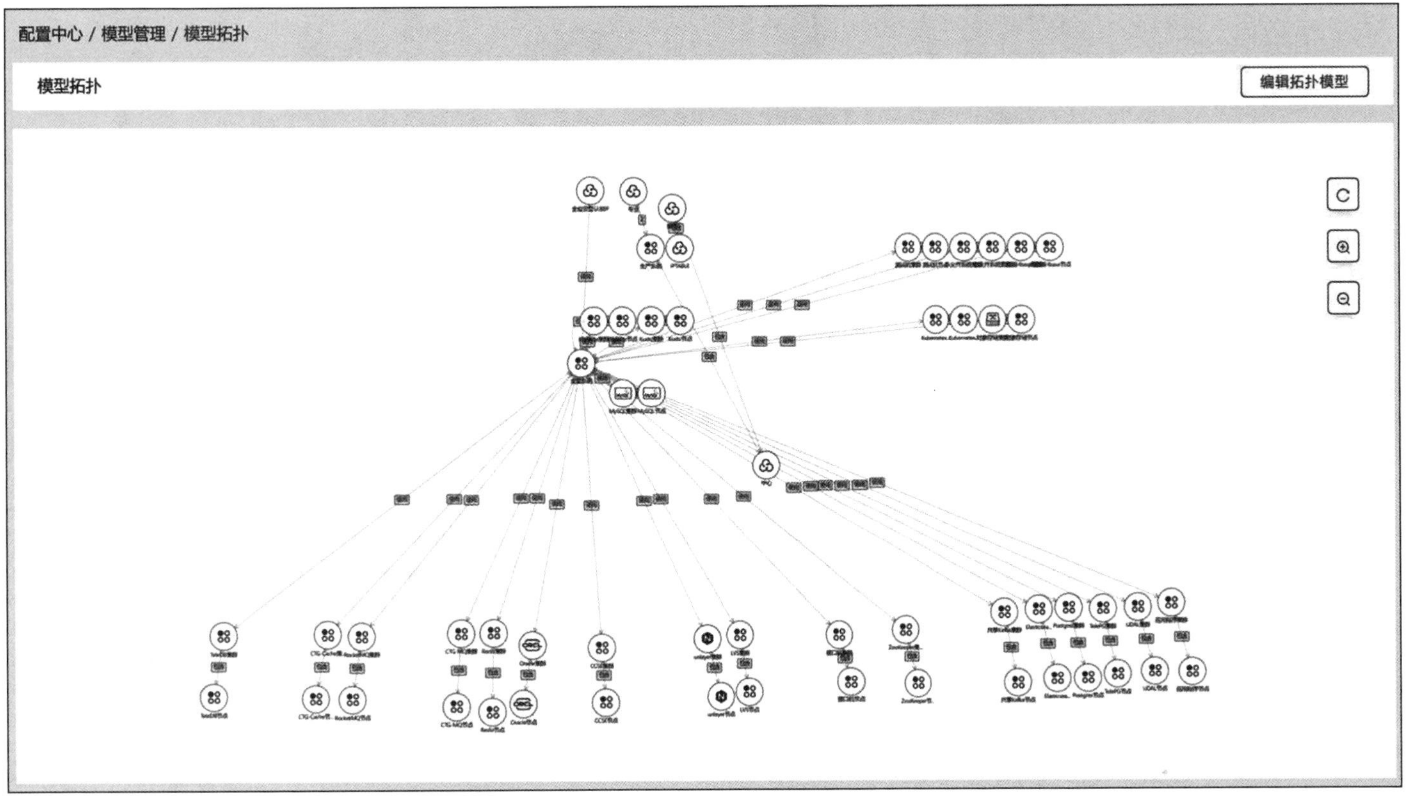

模型拓扑

编辑拓扑模型

图13-5 模型拓扑

（2）多种视角的可视化管理

根据基础资源，按照不同资源类型管理和维护配置数据，该运营商构建了个性化的运维看板，对实时数据进行展示，建设了 IaaS/PaaS/SaaS 模型属性、模型关系和模型模板，对配置数据资源仓库进行统一的定义和管理，如图 13-6 和图 13-7 所示。

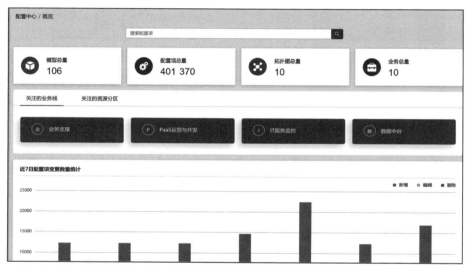

图 13-6　资源概览

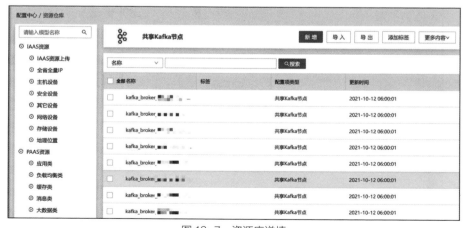

图 13-7　资源库详情

（3）基于自动发现的 CMDB 数据维护

该运营商通过 Agent、API 等多种方式，实现自动采集 IaaS、PaaS、SaaS 层配置数据和多数据源联邦采集能力，可调和各数据源的采集数据，确保配置数据的全面性和准确性。

（4）多场景消费的开放 API

该运营商构建了标准的 API 接口，实现了与其他工具平台高效的交互，支撑了 IT 架构的统一管理、告警等多种数据消费场景，还能将其他平台中的资源信息同步到 CMDB 中进行统一管理。

13.4　建设价值成果

该运营商建立了 CMDB 标准模板 88 套，配置项 32 450 条，已接入业务系统 21 套，终端数据 3666 条，终端设备 1870 条，物理服务器 1253 条，虚拟主机 963 条，服务 103 条，交换机 2415 条，中间件 554 套，数据库 258 套。

目前，该运营商主要建设成果如下。

（1）数据资产管理

数据资产配置管理系统实现了数据资产的统一管理、记录和展现，消除了因信息不对称导致的数据准确性问题，并实现了数据的协同共享，支撑数据探寻、应用和流通。

（2）配置管理支撑的应用场景

1）业务影响分析：依托于数据建模，基于智能算法和数据关联分析，实现了部分业务的问题影响分析；

2）故障预测管理：基于基础数据及关联模型，帮助进行故障根因定位，结合算法适配，实现主动预防问题；

3）支持制订应急计划：在发生灾难时，可以方便、快捷地确定数据存储位置，从而有利于快速恢复 IT 服务，保障业务连续性；

4）支持制订容量计划：通过对数据指标的实时监控，结合算法，实现

IT 部门的容量统计规划。

在新常态的背景下，围绕业务，面向智能运维建设及运维数据治理时，CMDB 系统规划应该在建设标准化、高度集成化、平台化的同时，建立简捷有效的配置管理工作机制。只有通过技术与管理相结合的手段，才能为基于 CMDB 的智能运维应用实践提供坚实基础，为企业业务连续性及服务稳定性的提升提供有力支撑。

14

某大型移动支付企业数据平台建设实践

14.1 运维数据平台建设带来的挑战

数据中台在阿里"小前台、大中台"战略中提出，其主要思想是利用数据资源盘点、联接、规范管理，形成企业的数据资产管理体系，帮助企业解决传统信息系统建设过程中，因"烟囱式"架构导致的数据隔离、数据不一致等问题，避免数据孤岛的出现。在实践上，数据中台要求"整合、共享"，通过后端数据能力的标准化、抽象、提取、整合与统一输出，可以让前端业务场景轻量化，减少重复开发带来的效率及成本等问题。数据中台需要进行可落地的数据产品建设，从而打造出一套行之有效的数据产品体系。数据中台是数据体系与数据产品的结合物，更是一种解决方案与战略选择。运维数据是企业大数据的一部分，为企业实时客户体验、系统及业务运营、效率管理、IT 资产管理、IT 风险管理等方面提供数据支撑服务，而技术层面的运维数据平台是企业数据中台战略的一个分支。

　　某大型移动支付企业负责建设和运营全国统一的银行卡跨行信息交换网络，并提供银行卡跨行信息交换相关的专业化服务。随着支付业务，尤其是移动支付业务量不断增长，产生的运行数据也变得庞大且复杂，数据之间的壁垒使得现有的数据形成了一座座孤岛，无法得到有效且及时的应用。

　　在这样的背景下，该企业在 2020 年规划了一体化的运维数据平台，作为基于实时计算＋实时数仓的 OLAP（联机分析）系统，其出现填补了传统大数据平台在实时数据分析上的薄弱环节，将各自孤立的数据进行了整合，为业务数据与运行数据的实时联动分析提供了有力的支撑，为业务的运行提供了高效且智能的决策依据。同时，该平台分层式的数仓架构设计，在保证了数据查询敏捷性的同时，也为数据治理铸下了基石。该平台的应用与推广将成为新时代移动支付运营工作的一项突破性进展，为未来的一体化运营奠定了强有力的数据能力基础，推动移动支付的运营工作向着数字化、智能化的方向发展。

14.2　运维数据平台建设的原则及目标

14.2.1　建设目标：打破 IT 数据孤岛

　　通过运维数据平台，将企业内部的数据汇聚在一起，对数据进行重新的组织和联接，让数据有明确的定义和统一的管理，在数据安全和隐私的前提下，让数据更易获取，从而打破数据孤岛。

- 统一管理结构化和非结构化数据，将数据视为资产，平台需支持数据的追溯、审计等能力。
- 明确数据源，利用丰富的数据采集方式，针对不同的数据来源，采用恰当的数据采集方式，且保证数据传输通道的高可用性，并对采集来的数据进行接收、处理和存储，进而满足企业大数据分析、数字化运营等场景的数据消费要求。
- 保证数据的完整性、一致性、可用性和共享性。监控运维数据全生命周期各环节的数据情况，从成本角度考虑数据的冗余、重复或"僵尸"等问题。

- 基于数据安全管理策略，运维数据治理平台应具有数据权限控制功能，可通过数据服务封装等技术手段，对敏感数据进行加密、脱敏等操作，保证数据的合法、合规消费。

采用分布式系统架构进行设计，主要使用分布式应用节点和分布式数据存储。各应用模块多节点分布部署，实现实时注册服务、统一调度和管理，以及应用节点的动态扩容。

数据存储使用如 HDFS（CDH）的分布式文件系统，支持在线横向扩展。数据处理使用分布式数据节点并行计算，以提高数据处理效率。数据采集使用分布式监控点，实现全业务、多层次的监控／告警数据采集和预处理。

为应对后续日益增长的数据处理规模，现有的平台分布式系统架构需具有如下特性：

- 高可扩展性：动态地增添应用节点和存储节点，以实现应用性能和存储容量的线性扩展。

- 高并发性：及时响应大规模用户的请求和数据读／写需要，能对海量请求和数据进行并行处理。

- 高可用性：提供高效容错机制，能够实现应用和数据冗余备份，保证数据和服务高度的可靠性。

- 支持国产化：方案支持当前主流 x86 服务器和主流操作系统及国产操作系统，包括虚拟化、主流云服务等。同时，方案支持当前主流国产数据库、中间件及云数据库。

针对数据运营管理，相关的技术负责人提出了如下四个建设目标：

- 持续提升数据质量，减少纠错成本：通过数据质量度量与持续改进，确保数据真实反映业务，降低运营风险。

- 数据全流程贯通，提升业务运作效率：通过业务数字化、标准化，借助 IT 技术，实现业务上下游信息快速传递、共享。

- 业务可视化，能够快速、准确决策：通过数据汇聚，实现业务应用状态透明可视，提供基于事实的决策依据。

- 人工智能，实现业务自动化：通过运行规则数字化、算法化，嵌入运维流程，逐步替代人工判断。

14.2.2 建设中考虑的多个原则

先进性原则。在技术上应采用业界先进、成熟的软件开发技术，面向对象的设计方法，面向对象的开发工具。采用浏览器／服务器体系结构，以支持网络环境下的分布式应用。

实用性原则。必须做到系统使用易学、易用、实用，方便广大系统用户和各部门相关管理人员的使用。

规范性原则。保证系统设计的规范性，包括系统内部程序设计的规范、系统各模块之间接口的规范、系统内部与外部接口的规范和系统用户界面的规范，以便与其他系统进行信息交互。

节约性原则。预留发展空间，避免重复建设，节约投资，少花钱多办事。

安全性／可靠性原则。符合国家法律法规要求，系统建设采取全面的安全防护措施，系统开发层面要避免安全漏洞和隐患，做好用户隐私的保护和防泄露。

可维护性和可扩展性原则。软件设计尽可能模块化、组件化，以适应将来的发展。系统应提供配置模块和客户化工具，通过一系列的组件和工具，使应用系统可灵活配置，以操作简单、可视化操作、维护简单为宜。数据库的设计尽可能考虑到将来发展的需要。

除了遵循上述原则外，还应该尽可能遵循以下更加具体的建设原则。

（1）成熟化原则

整体方案设计采用符合国内／国际标准的通用协议，支持各种主流计算机平台、操作系统以及数据库厂商的各类软硬件，支持以标准接口的方式接入第三方平台。平台软件可制作打包安装盘（包），具有自动安装功能以及网络远程安装功能。

在总体设计阶段，在保证安全性的前提下，重点考虑的是系统的标准化和开放性。建立统一规划、数据接口标准统一的运维平台，兼容各种应用系统进行数据交换，自顶到底要求每一个系统构成部分的设计都符合开放标准，实现异构系统的互联互通。

（2）健壮性原则

整体方案设计首先考虑平台的可靠性和健壮性。

坚持以需求驱动和应用为主导的方针，平台应该在容错、应急、负载等多方面予以考虑。应有适量冗余及其他保护措施，结合严谨的测试管理与运维体系，保证平台的高可用性。同时，平台应该在系统结构、设计方案、设备选择、技术服务等方面综合考虑，采用成熟、成功应用的技术。

另外，整体方案设计必须将安全性作为重要原则予以优先考虑。平台系统采用故障检查、通知和处理机制，保证数据不因意外情况丢失或损坏。系统支持长时间不间断运行，数据传输可靠，具备良好的文件和数据库备份机制，可实现对系统的定期备份，在系统数据丢失的情况下提供数据恢复能力。

（3）易操作原则

系统平台要基于实用、合理、易用的原则。

在设计整体方案时，充分考虑系统容量及功能扩充，以便系统扩容及平滑升级。平台系统对运行环境（硬件设备、软件操作系统等）具有较好的适应性，并不依赖于某一特定型号的硬件设备。

另外，还需提供简洁、方便、有效的管理工具和操作界面，建立友好统一的运维数据治理平台，使得用户可以快速方便地通过界面全方位掌握平台的性能状态，并且支持移动化及自动化应用功能。

（4）高效性原则

整体方案设计遵循标准化、规范化，做到分层设计、组件化实现，以降低平台系统综合维护成本。

（5）可扩展原则

整体方案设计充分考虑未来发展，平台系统的总体设计采用层次化、组件化设计。整体构架考虑与现有系统的连接，考虑将来平台系统进一步支持

AIOps、DevOps 的数据对接要求。

（6）安全性原则

在实现架构可扩展的情况下，平台系统支持增加新功能的同时，避免对现有系统进行大规模的修改。相对应平台系统的容量也可扩展，能够根据用户访问量的增加，持续扩展容量且不影响现有系统架构和业务。在符合可扩展原则的整体方案中，容量可扩展仅仅受硬件资源限制，而不受如授权等其他因素的限制。

14.3 建设方案和落地实践

14.3.1 基于数据管理需求的数据平台建设方案

企业当前的运维数据有如下一些特点。

- 数据规模巨大，随着业务的波峰波谷数据量变化明显。

运维类数据一般分为日志数据、监控指标、调用链追踪、容器事件、告警等几大类，监控指标类数据的数据量一般可以通过监控对象、监控指标的数量、监控频率的关系评估出来；而日志和调用链数据，则会随着业务的波峰或波谷出现较大的变化。

- 实时性要求高，主要为时序数据。

运维数据的一个重要应用场景是实时监控告警，对时效性的要求非常强，所以这类数据的整个治理过程必须是一个实时的过程。

- 数据来源广泛，标准化不统一且非结构化。

IT 系统是逐步建设起来的，所以 IT 系统的环境通常是比较复杂的，会有不同年代、不同厂商、不同技术的设备和软件，且 IT 系统自运行起来，就会逐步地增加一些监控手段，可能导致监控也不统一，综合这些因素可能导致运维数据治理过程中面临数据来源复杂，监控指标的标准不统一，大量数据是半结构化的问题。

根据上面这些特点的分析，得到对运维数据治理平台一些功能和非功能性的需求：

1.能采集各种来源的日志数据、各种设备及应用的监控指标、应用和服务之间的调用链追踪、容器事件，以及其他监控系统的告警数据。

2.能实时结构化海量的日志数据，能实时规范化数亿的指标数据，能从每秒百万条数据中聚合计算指标。一般的 IT 系统，要做到立体化监控，对实时处理能力的要求通常要达到 TB 级。

3.能高效且经济地存储 TB 级数据量，以较高的数据压缩比节省服务器或存储，还要达到毫秒级的入库，毫秒级的查询延迟，以满足上层应用场景的要求。

4.数据的采集、处理、存储过程要具备较高的吞吐量，以适应业务的动态变化。

根据上述需求，数据平台的整体画像如图 14-1 所示。

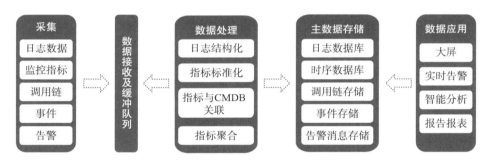

图 14-1 平台画像

数据平台由以下组件和技术支撑，如图 14-2 所示。

基于上述的功能、组件和技术，可建设如图 14-3 所示的运维数据平台。

从图 14-3 中可以看到，运维数据平台主要分成两个核心部分，一个是采控中心，一个是数据平台。由于运维数据来源诸多，格式、协议、运行环境等各有不同，所以，由采控中心统一采集各类数据并管理和监控各种采集任务，将能大大提升运维人员的工作效率和数据质量。而数据平台承担起整个运维数据的接收、数据的结构化、数据的指标清洗计算、与 CMDB 中 CI 的映射关联等工作，还要有经济高效的数据库来存储这些数据，同时，为了上层应用更好地消费数据，还要有各类数据的统一查询和数据 API 服务能力。

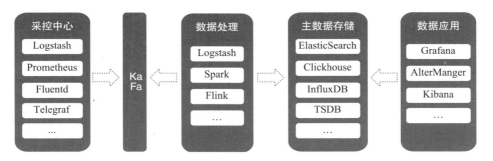

图 14-2　组件和技术

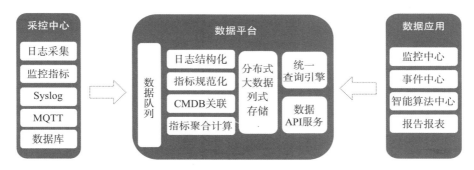

图 14-3　运维数据平台

通过上述的数据平台能力，实现了企业内部平台间的数据共享，打破了数据孤岛，对数据实时处理提供了统一的监控，为数据运营提供基础平台支撑。

14.3.2　运维数据平台功能架构

（1）总体架构

如图 14-4 所示，总体架构上该企业根据职责把这个系统分成三个大的部分，第一部分为数据采集，第二部分为运维数据库，第三部分是基于数据平台的应用场景。

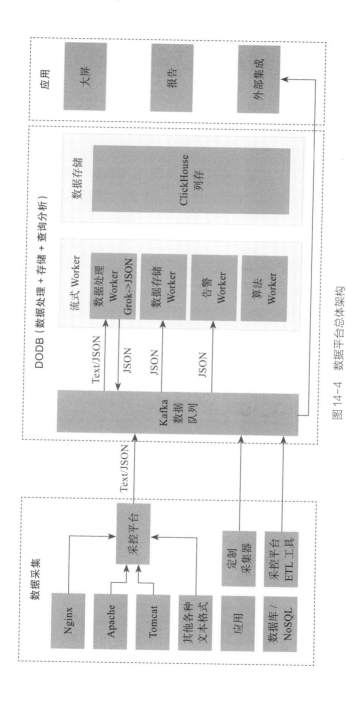

图 14-4　数据平台总体架构

（2）统一采控

目前，企业数据分散在各个系统中，因此选用统一采控，即采集和控制平台，目的在于对采集行为和控制行为进行统一规范的管理，提供数据采集能力，如 APM 数据、基础监控数据和日志数据等。采集功能不局限于日志数据、系统数据、中间件数据、数据库等类型的数据。

每种数据的采集都可通过采控平台添加、配置、启动、停止、升级和删除相应的采集器。为了便于后期扩展采集能力，通过采集器（agent）来实现采集能力和控制能力，便于后续在接入新系统时可快速采集数据，交互式界面功能旨在降低人工学习成本。

如图 14-5 所示，用户（或其他系统）通过采控平台，实现从目标主机采集监控数据（或其他数据），并将采集到的数据发送至运维数据的 Kafka 数据队列。

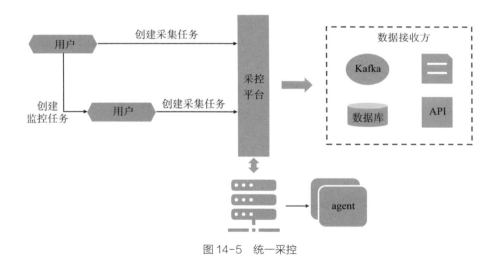

图 14-5　统一采控

（3）数据处理

在企业数据平台建设过程中，数据处理作为核心能力主要分三种情况，一种是要将比如日志类的文本数据进行结构化；还有一种是需要将结构化的日志数据或者指标数据进行聚合计算，以提升数据查询的效率；最后一种其实是一个可选项，它主要面对的是来源复杂的业务指标数据的处理。

由于日志数据格式繁多，数据平台将其进行结构化处理，一般可通过正则表达式进行处理。为满足日常运维需求，平台采用 Grok 的方式，实现将数据处理技术进一步封装成"拖拉拽"的可视化交互方式，大大提升了运维人员解析日志的效率，如图 14-6 所示。

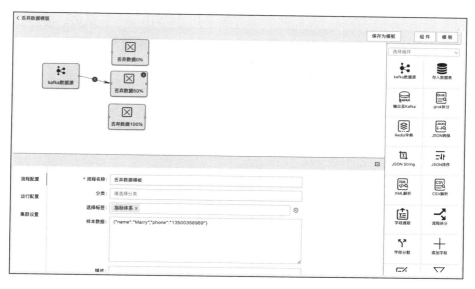

图 14-6　数据处理交互界面

（4）数据存储

企业考虑到主数据存储主要有时序数据、全文检索、图数据三种场景。时序数据库主要用来存储监控指标类数据；全文检索数据库主要是用来处理日志数据以更好地做检索查询；图数据处理 CMDB 中 CI 关系的存储。

时间序列数据库（Time Series Database）是用于存储和管理时间序列数据的专业化数据库，具备写多读少、冷热分明、高并发写入、无事务要求、海量数据持续写入等特点，可以基于时间区间聚合分析和高效检索，广泛应用在物联网、软件系统监控等场景。国外一些比较有名的开源数据库有

InfluxDB、Kdb+、Graphite、OpenTSDB、Prometheus 和 TimescaleDB，国内也有很多优秀的时序数据库产品，比如 Apache IoTDB 和很多云厂商提供的基于云的时序数据库等，在选择时结合实际业务场景和非功能性需求进行选择即可。

全文检索数据库主要选择 ElasticSearch，因为它是一个实时全文搜索和分析引擎，提供搜集、分析、存储数据三大功能，具有高效搜索能力，是可扩展的分布式系统。开源的日志方案采用 ClickHouse 来存储，原因是数据存储量大，而由于安全监管等相关要求，日志保留的时间又比较长，所以为了节省硬件和后期的运维管理成本，采用了更加高效的 MPP 型的 ClickHouse 来解决日志的存储问题，它的高速写入能力和较好的数据压缩比，在较少硬件资源的情况下就解决了海量日志实时入库和检索的问题。另外，对于大量历史数据的保留归档问题，可以采用将数据定时导出备份到 HDFS 的方案。

（5）数据 API

企业建设数据 API 服务的目的是统一运维数据访问的服务总线，将数据访问与底层存储进行解耦，简单、快速、低成本、低风险地实现微服务的聚合、前后端分离，以及向上层业务场景开放功能和数据。

14.3.3　基于流程指标的数据运营

企业在建设运维数据平台的同时，也建立了持续优化的运维流程管理机制，以度量运维流程运作的执行力与效率。流程指标是整个运维流程管理体系的重要组成部分，对流程管理进行引导和控制，使其不偏离原定目标方向。所以，指标需要根据运维组织的核心价值主张，支持量化、实时和被监控，并透明、公开地传达到组织具体的人，让流程可以持续地得到优化，这是构建持续优化型与学习型组织的关键。在组织、流程、平台、场景四位一体的数字化运维体系下，指标的应用在组织管理上能够让组织流程可视、可控，且具备在线、可穿透的作用；在流程的协作上能够建立公平、透明的协同文化；同时，指标也为运维平台化管理的场景设计提供基础原料。本节提到的指标不包括生产环境对象涉及的运行指标，重点围绕运维流程中的指标运营，包括事件管理、问题管理、变更管理、发布管理、配置管理、服务台、业务连续性、服务水平等。

该企业在建设数据运营管理体系时，依托于企业中 ITIL 与 ISO20000 的实践对运营管理流程进行分类，将流程指标数据分为服务战略、服务设计、服务转换、服务运营四类，且应用在日常的数据运营管理中，如图 14-7 所示。

- **服务战略**：IT 服务战略管理、需求管理、财务管理、服务组合管理等。
- **服务设计**：供应商管理、信息安全管理、容量管理、连续性管理、可用性管理、服务级别管理、服务目录管理等。
- **服务转换**：变更管理、发布与部署管理、资产与配置管理、变更评估、验证测试、知识管理等。
- **服务运营**：事件管理、问题管理、服务台、技术管理、应用管理等。

（1）流程

流程指标主要是为了建立持续优化型运维组织，并确保组织价值创造与公司的价值创造保持一致。在这个目标中，指标的具体作用包括：

- 为 IT 流程提供可度量的依据，向运维组织、IT 组织、企业经营决策层提供评价 IT 运营管理的情况，帮助利益相关方理解 IT 运营管理的总体情况；
- 为持续优化运维组织、流程、平台提供推力，度量 IT 运营的流程效率、服务水平、业务连续性、发布交付效率等，基于指标数据推动组织架构和能力的提升，优化流程，并提高平台的赋能作用；
- 引导运维组织达成规划愿景，为 IT 运营的发展提供战略导向，达到 ISO20000、ITIL、ITSS、AIOps 等行业最佳实践或成熟度标准，并有效支撑运维组织对用户 SLA 目标的达成。

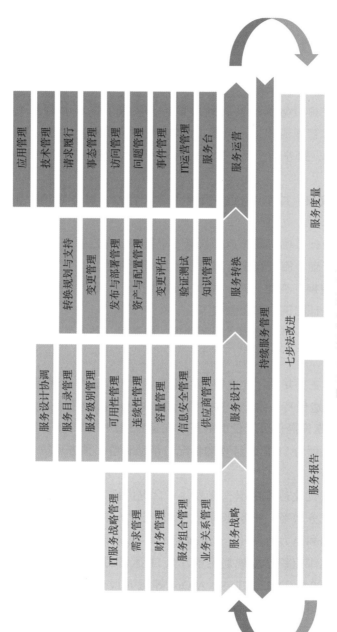

图14-7 流程指标数据分类

（2）组织

组织人员通过数据平台对流程指标进行实时观测与趋势分析，帮助一线人员观察流程的执行情况。通过数据平台中的指标数据，不仅能确保流程指标负责人观察流程的有效性与合理性，也能为运维体系的管理决策层、职能经理和一线员工提供支持。以下是不同角色对数据平台指标数据的应用：

- 流程经理通过流程指标管理流程。流程指标的责任人主要通过观测指标实时的变化或长期的趋势，采取必要的措施来管理流程。

- 管理决策层或职能经理进行数字化管理。不同的流程指标，除了反映流程执行效率，还反映整个 IT 运营水平，比如 SLA 和 SLO 涉及的 SLI 指标可以感知 IT 服务质量，发布管理指标可以感知 IT 交付速度，可用性与业务连续性指标可以感知 IT 风险保障能力水平等。同时，数字化流程指标关联自动化能力后是实现运维平台化管理的基础。

- 一线员工能够透明地看到贡献与可改进的方向。一线员工通过透明地观察流程指标，可以看到自己的工作情况和所属位置，并制定待改进的举措。

（3）平台

前面提到流程指标数据主要分为服务战略、服务设计、服务转换、服务运营四类，且指标通过数据平台统一管理。需要强调的是，某个流程关注的指标并不是越多越好，或者说应该聚焦与运维组织核心价值创造相匹配的几个最关键的指标，关键指标在不同的时段又可能需要调整。

（4）应用

数据平台流程指标在该企业主要应用在如下场景：定期报告、临时报告、实时看板，以及作为数据源融入其他工具等。以下从流程指标应用场景进行简单梳理。

- 定期报告类

该企业主要为洞察感知流程的执行情况设计相关报告，以便运维团队使用相关的分析报告进行 IT 运营复盘，如图 14-8 所示。

- IT 服务运营月报
- 生产故障运营月报
- 变更管理运营月报
- 问题管理运营月报
- 发布管理月报
- 服务台管理月报
- 每日 IT 运营分析
- 每日发布公告

图 14-8　组织内部运营报告

● 数据平台概览

数据平台概览反映的是实时的数据指标，比如在数据处理过程中可以看到数据源、数据处理量等信息，如图 14-9 所示。

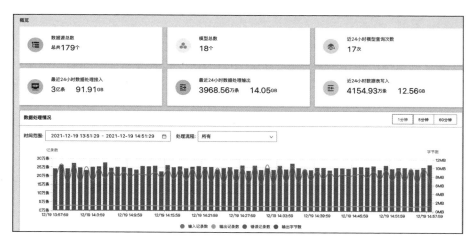

图 14-9　数据信息概览

● 数据处理的可用性管理

在数据处理过程中，可以对数据处理过程进行实时监控，并在故障时做到及时告警，如图 14-10 所示。

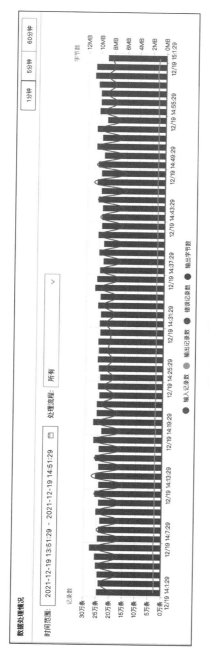

图 14-10　数据处理监控

14.4　建设价值特色与成果

基于上述四个方面，该企业在运营数据平台建设和数据运营方面取得了以下的特色和成果。

- "洞察、决策、执行"的闭环。将"洞察、决策、执行"贯穿于数据指标使用的解决方案中，在建设平台前，设计规划了采集哪些指标，用于哪些场景，故障如何处理，以及如何跟进处理的执行。

- 保持指标的简单性。一是保持数据消费简单，方便消费方找到数据反映的观点，而不仅仅是数据的展示。二是降低数据分析门槛，方便数据的收集、上报、规划、研发、指标复用、可视化、信息触达、闭环跟进等。

- 统一规划指标分析主题。梳理当前的数据指标消费角色，角色工作中的痛点与价值期望，按此维度归纳出几个可扩展的主题，建立指标管理（包括指标服务、口径、源数据等）。

- 数据指标的应用适度与流程关联。数据的应用与流程、机制适度关联，让指标数据运营成为流程的一个步骤，比如配置指标运营、变更管理运营、发布运营等。

运维数据作为一种新的生产要素，在企业构筑竞争优势的过程中起着重要作用，所以该企业提出了明确的要求：把数据（IT 数据和业务数据）作为一种战略资产进行管理。该企业的 IT 负责人认识到，数据从业务中产生，在 IT 系统中承载，通过数据平台对数据进行统一管理，且需要业务的充分参与，并确保 IT 系统遵从。

该企业构筑了一套企业级的运维数据平台，对数据资产进行管理，数据源接入近 200 个，数据模型 18 个，确保关键数据资产有清晰的管理责任。每日数据接入量 72 亿条左右，数据存储量 2.2 太字节，数据处理 9 亿条左右，在数据处理过程中有相应的监控，便于快速发现和解决问题。

从数据规划开始，到数据采集、存储和共享、维护、应用，在数据的全生命周期中，数据的价值只有在应用环节才得以实现。在当今的技术和市场环境下，获取数据的能力和运营数据的能力是一个企业的核心能力。

致　　谢

　　终于到了致谢环节，曾经多次思考本书应该以何种方式来结尾，但行文至此竟忽然语塞。对于第一次写书，做如此"庞大"的一个工程的人来说，我刚开始确实低估了"写一本领域专业书"的难度。

　　欲感谢对象难以细数。

　　还是先感谢这个时代吧，所谓取势、明道、优术，我们任何的方法论和标准都紧扣时代的进步与发展，恰如最近两年笔者参与编写的"智能运维"系列国标，也是数字化运维和人工智能大的发展背景下的产物。国内外如火如荼的数字化转型和各种先进技术的发展，为各行各业的理论与技术突破指明了清晰的目标，提供了肥沃的土壤，面向智能运维的运维数据治理这一全新课题亦是如此。

　　其次，要感谢家人给了我很多默默的支持，妻子承包了几乎所有的家务，也感谢壮壮的不打扰，每当闭门思索的时候，你都忍住不敲爸爸的门，如此给我节省了很多写书时间，希望今后能有更多时间陪你快乐玩耍。

　　本书的另一位作者彭华盛，我们俩相识在微信，做了很长时间网友，但因为一个共同的"理想"聚在一起，华盛多年在运维领域实打实的耕耘和深刻的行业洞察给了本书很多有益的观点。当然，还要感谢彭华盛的夫人，她在金融行业从事了多年的数据治理工作，为本书提供了很多专业的意见与指导。

　　再次，还要感谢云智慧公司，以及众多从事相关工作的同事，本书仅是我对大家工作的梳理和总结。不管是公司的研究员、产品经理，还是研发测试人员，各位的每一个想法或是片段，都给我们最终的成书提供了巨大的贡献！感谢张博、周宇飞、毕可歆；感谢研究员汪樟发；感谢产品经理陈泉伯、周太鹏、侯文慧、张清泉、裴珂；感谢文档组的刘竹子和各位同事；感谢研发部门的王兆良；感谢售前体系的汪欢、李俊杰；感谢咨询部的戚依军、伍杰、何君等各位同事；感谢市场部的银晋洪、刘秋雯、陈枢悦。真心感谢各位的辛苦付出！

特别感谢王书航、孔文和王梓森三位同事，你们在工作之外付出了非常多的时间来帮助达成本书的目标，辛苦啦！

感谢笔者最近两年内所参与的"智能运维国家标准"通用标准和数据治理标准组的各位领导和专家，大家的真知灼见为本书的"输出"提供了很多有意义的"输入"。

感谢云智慧公司 CEO 殷晋和机械工业出版社编辑王颖，两位在各方面的大力支持和督促，是我"笔耕不辍"的动力来源。

最后，感谢这些年我和同事们服务过的那么多客户，你们是战斗在最前线的专家，项目里你们的需求、要求和每一个建议都是本书的实现基础和力量之源。

要感谢的人如此之多，如果您的名字没有被列入本书，请谅解我的疏忽，直接找我请客吃饭就行。

再次感谢大家！

陆兴海

2022 年 5 月 9 日

建模：数字化转型思维

作者：丁少华 编著 书号：978-7-111-69935-4 定价：89.00 元

　　数字化从业人员的职业成功，其基础不仅仅是对数字化技术的掌握，更取决于对商业和业务知识的学习、理解和运用，对此，模型思维扮演着重要的角色。本书以"建模"为点题，以模型思维为范式，介绍了数字化建设和组织转型中所需的模型思维及其特点，并分别从社会技术系统、企业架构、战略管理、流程管理、产品研发、生命周期管理、成熟度、规模定制、制造运营、产品研发、客户关系等领域介绍了组织运营管理的特点、挑战、范式及其如何与数字化建设有效地进行结合。

数字科技：第四次工业革命的创新引擎

作者：中国科学院科技战略咨询研究院课题组　书号：978-7-111-68946-1　定价：89.00 元

　　第四次工业革命背景下，数字科技将重塑全球经济和产业格局，必然会成为世界各国和企业竞争的战略制高点。各国及企业亟须进行战略谋划与系统布局，瞄准世界科技前沿，集中优势资源突破数字科技核心技术，加快构建自主可控的产业链、价值链和生态系统。围绕数字科技创新，世界各国不断加大国家战略投入，我国已形成一批具有全球竞争力的龙头企业。未来我国发展数字科技要从顶层设计、体系建设、规划引导、制度创新、政策保障及完善治理方面制定国家战略并进行统筹布局。本书从数字科技的来源、背后机理、定义特征、内涵外延、国际经验、国内现状、中国战略以及任务保障等方面做出详细阐述和分析。